民族文化大典

侗族酒文化

宋尧平 ○ 著

中国书籍出版社
China Book Press

序 一

侗族是我国南方的一个少数民族，主要居住在贵州、广西、湖南和湖北。此外，美国学者说越南北部山区也有侗族居住，但是，没有得到我国的确认。据2010年第六次人口普查，全国有侗族人口2 879 974人，概称288万人。在全国55个少数民族中侗族人口数排第10位。贵州省侗族人口143万人，黔东南州有101万人。黔东南州的侗族人口占全国侗族人口三分之一强。黔东南州辖16个县市。州内侗族的世居地主要在黎平县、天柱县、锦屏县、从江县、榕江县、三穗县、镇远县、剑河县、岑巩县。现在州内侗族主要居住在黎平县、天柱县、锦屏县、从江县、榕江县、三穗县、镇远县、剑河县、岑巩县、凯里市。侗族在黔东南这块土地上栖息繁衍，使这里成了全国侗族文化的富矿区。

一

为保护、传承、繁荣和开发利用侗族文化，2013年黔东南州侗学研究会决定编纂《黔东南侗族文化大典》丛书。《黔东南侗族文化大典》内容涉及侗族哲学、宗教、伦理、人物春秋、习惯法、语言、民俗风情、节会、服饰、饮食、建筑、医药、健身、耕种养技艺、村寨文化、音乐、舞蹈、书画、民间文学、作家文学、文物等等方面。《黔东南侗族文化大典》的编纂，力求具有史料性、知识性、权威性和学术性，计划用10年左右的时间完成。通过《黔东南侗族文化大典》的编纂、出版、发行，把博大精深、丰富多彩的黔东南侗族文化展示在读者面前，为地方政府和侗族人民保护、传承、开发利用侗族文化做基础性的工作。

文化是民族共同体的本质特征，看一个民族，主要是看他们的文化。在历史长河中，经济、社会和人的因素促进了文化的发展，而各种各样的文化因素又在推进经济社会和人的全面发展。一个民族的文化最能体现一个民族的特色和风格，文化也是一个民族立于世界的凭藉。黔东南这块土地上，侗族人民勤劳耕耘，留下了丰富的文物古迹、故事传说、风情习俗、思想精神，成为中华灿烂文化中的一枝奇葩。书画艺术、传统的民族文化及其所包涵的民族精神不仅凝结成了它的过去，成就着它的今天，也可以滋生出新的未来，尤其是其中所包涵的民族特有的优秀精神品质，对于这个民族的发展、进步，也是必不可少的。从文化本身来看，"只有民族的才是世界的"已成为人们的共识。保护民族文化的特色，才会使民族文化有可能具有世界性的意义。

所以，我们要通过编纂、出版、发行《黔东南侗族文化大典》，向世人展示侗族文化的风采，宣传黔东南州丰富多彩的民族文化资源，从而提升民族文化的竞争力。

二

在悠久的历史演进中，侗族人民创造了灿烂的文化，至今拥有丰富的民族文化资源。侗乡被誉为"诗的海洋""歌的世界""故事的摇篮""侗戏的天堂"。

说到侗族文化，人们常称赞："侗族三件宝，大歌鼓楼风雨桥。"其中，大歌被视为侗族文化的第一个宝物，已经被列为世界非物质文化遗产。侗族的劝世歌也很有社会教化功用，已经成为侗族人民进行家庭伦理和社会道德教育的教科书。侗戏标志着侗族文化艺术走向了成熟，是绽放在中华民族艺苑上的一枝奇葩。鼓楼、风雨桥已经成为侗寨的标志。鼓楼代表了侗族建筑艺术的最高成就，其文化习俗延续了侗族浓厚的原始集体主义价值观。侗寨风雨桥有阁楼，有长廊，除了可作交通之用，还可避风雨、休息交谈、迎来送往。

三

侗族传统稻鱼鸭种养技术被联合国粮农组织列为"全球重要文化遗产"。历史上，黔东南侗族人除了种田开荒生产粮食，还创造了以植杉为中心的"人工育林"技术和林业生产方式，使林业成为侗乡支柱产业之一。侗族人民长期以来利用清水江和都柳江的黄金水道，对外进行木材贸易，创造了木商文化。

黔东南侗族人在长期的生产、生活中积累了丰富的强身健体、治伤医病的经验，因而侗医侗药在民间广泛应用。此外，黔东南侗族人自纺纱自织自染葛、麻、棉布来缝制衣服，配以刺绣品和银饰品，创造了自己的民族服饰。而油茶、腌鱼、腌肉、牛瘪、羊瘪等成了侗族人民的特色食品。在侗族人传统年节或节日中，以集体狂欢而创造形成并发展延续了"多耶"等民族舞蹈和"斗牛"等民族体育项目。

四

侗族地区被称为"没有国王的王国"，建立了以"款"为代表的制度文化，并发挥了社会治理的作用。如从江县占里村，从明代开始就按款组织的规定搞计划生育，一对夫妇只生两个孩子。由于"款"的作用，许多侗族村寨几百年来都没有发生过盗窃案件，更没有凶杀案件；黔东南侗族历史上几乎没有发生过支系与支系、村寨与村寨之间的争斗，与苗、瑶、布依、水、汉等兄弟民族也没有发生过战争，内外都能和睦共处、相互尊重、友好交往。侗乡因议款而形成款词。黔东南侗乡浩如烟海的"款词"博大精深，是集侗族历史、政治、经济、哲理、法制、教育等知识于一身的"百科全书"，产生了强大的民族向心力，并得到传承和光大。

五

侗族人的价值取向不尚推崇个人，而是群体。侗家人始终认为个人只是群体的一员，只是群体的一个参与者。群体是伟大的，群体是有力量的。个人在群体面前是微不足道的，个人的见解是有限的，个人的力量是渺小的，个人只能依存于群体。因此，侗族以群体为荣，以群体为上，提倡群体利益高于一切，故而传统的侗家人把公益事业看得大如天。如今人们走进侗寨，仍然可以看到当年侗家人所办公益事业的遗留物，如鼓楼、风雨桥、戏台、凉亭、祠堂、萨坛、庵堂、庙宇、土地公寺、石凳、指路碑、斗牛场、练歌房、歌舞坪、青石水井、洗衣塘、鹅卵石村道等等，都是人们一钱一粮、一砖一瓦捐献而来的，很好地体现了侗家人维护群体的价值观。既然世界、生活是群体创造的，当然一切也就应该由群体来享受，这在侗家人心目中是天经地义的事情。侗族人主张资源共有，寨物公用，反对独吃，主张共享；主张个人服从于家庭，家庭服从于宗族，宗族服从于村寨，村寨之事由寨老或首领召集民间议事组织来商议和决断。

六

侗族人主张以理服人。他们认为，动物和人类的交往都是有情感的，但能够说理、依理、认理、服理则是人类特有的品质。所以，侗家人以理修身，以理处世。他们对于人理、情理、事理、物理和世理等的感悟和认识很有见地，如黔东南侗族人认为"千刀不如一斧，万句不如一理""有斧砍得倒树，有理服得倒人""有理一句重，无理万句轻""理字并不重，千人抬不动"，说明有理才能服人，理的份量最重。他们还认为，理是客观存在的，"谷子生在地里，道理摆在世上"。他们认为世上的理是数不尽、学不完的，如"走不完的路，知不完的理""一网打不尽江中鱼，一人道不尽世间理"。正因为如此，才有那么多人来说理，才有那么多人来讲理，才产生了浩如烟海的说理作品。

侗家人习惯通过说理，提高对人理、物理、事理、世理的认识，一生追求真理，做一个懂理讲理的人，以理与人交往，以理进入村寨，以理走遍天下。在歌唱类民间文学里，侗族有事理歌、劝世歌和古歌来说理。在赋类民间文学里，有浩如烟海的说理赋，而说理赋之中又有数量非常多的理词作品，用以阐明人理、世理、物理、事理等等。在故事类民间文学里，有许多故事都是用来说明道理的。在表演类即侗戏里，更有不少台词和唱词是用来陈述事理的。侗族说理作品因文辞华丽、说理明白很能打动人心，启人心智，发蒙振聩，使人遵规守约，知晓道理，提升品质，德才兼备。侗族说理作品深受侗族人民喜爱，因而大量被应用于社会各种场合的交际之中。

七

温善儒雅是侗族人的一大突出性格。侗族源于我国古代百越民族，一直生活在祖国的南方，没有经历过残酷战争的洗礼，所以，造就了侗族人不尚武的品质，他们追求与其他少数民族和睦相处。侗家人长期受到"款"的规范、"劝世歌"的熏陶、"说理"的影响，人们处世讲究亲和力，与人交往时做到温和、恭敬、节俭、忍让，追求着一种"我为人人，人人为我""互帮互让，相敬如宾""你好我好大家都好"的和谐社会生活境界。在黔东南侗乡，抚老爱幼、敬贤尊能、行善积德、群体至上、女士优先、重义轻利、热情好客等是侗族人民经久不衰的传统美德。

历史上，黔东南侗族的行为方式以趋静求稳见长。趋静，就是追求恬静自然的田园生活；求稳，就是追求平安无忧的日常生活。黔东南侗族人要过的是一种恬静自然、平平稳稳、无忧无虑的生活。改革给黔东南侗族社区带来了文化涵化、发展、创新的契机，也促进了侗乡的变化。改革开放以来，黔东南侗族人纷纷走出山门，到外界去打工，很多人告别了传统的生活方式和生产方式，舍弃了旧的谋生门路，走上新的营生路途。在这当中，他们接受了新文化，也改变了一些传统的人生观和价值观，传统的民族文化也在扬弃之中。

侗族历史源远流长，文化丰富多彩，具有鲜明的风格和特点，是中华民族灿烂文化的重要组成部分。黔东南侗族文化博大精深，涉及的方方面面，并不为人们一时一刻就可以了解、精通，事实上是知不完、道不尽的。弘扬民族优秀文化，提升国家文化软实力，包括侗族文化的保护、传承和利用，是我们应尽的责任。黔东南州侗学研究会作为侗族社会的一个学术团体，理应参与其中，谋求贡献。今天，我们编纂《黔东南侗族文化大典》，仅试择主要内容而予以概述，算是抛砖引玉，不足之处请读者批评与弥补。

王先琼　傅安辉
2017年8月

序 二

一

中国是世界上最早酿酒的国家之一，也是世界三大酒系的发源地之一。以固态发酵、固态蒸馏为特征的曲蘖酿造技术是我国古代对世界文明贡献的"第五大发明"，曾经对东南亚各国的酿造技术以及西方的酒文化产生过重大影响。中国酒文化以其悠久的历史、博大精深的蕴涵在世界酒文化之林中独领风骚，而侗族酒文化是中国酒文化的重要组成部分。

纵观我国酒文化的历史，酒不仅以物质形态出现，更重要的是以精神文化形态呈现，它渗透到宗教、风俗、礼仪、军事、政治、文学等各个方面，对社会生活产生了广泛的影响。

在日常生活中，酒之普及，可谓深入千家万户。无论是种种习俗还是接待贵客，酒都是不可或缺的。酒已经成为每一个民族社交生活的核心媒质。

二

侗族是我国的少数民族之一，有着数千年的悠久历史，在时间的流逝中凝练出自身独特的文化。说到侗族文化，最著名的有六件宝。一是侗族大歌，无指挥无伴奏的多声部合唱艺术，已被列入世界非物质文化遗产；二是稻鱼鸭复合种养技艺（即在水田里同时种稻、养鱼、养鸭），已被联合国粮农组织列为"全球重要农业文化遗产"；三是鼓楼，代表了侗族建筑艺术的最高成就，其文化习俗延续了侗族浓厚的原始集体主义价值观；四是风雨桥，楼阁长廊相连，壮丽美观，既可交通，又可避风雨和歇息；五是侗款，是一种比较完善的制度文化，非常有社会治理的效用；六是侗戏，一朵绽放在中华戏剧艺苑上的奇葩，标志着侗族文化艺术已经走向成熟。此外，侗族善于植树造林，生产笔直高大的木材，木质千年不朽，古代曾获得过供给皇家建筑用材的"皇木"专卖资质，并对外进行木材贸易，创造了木商文化。

在长期的生产生活中，侗族人民积累了丰富的强身健体、治伤医病的经验，侗医药在民间得到广范应用。侗族人自纺自织自染葛、麻、棉布来缝制衣服，配以刺绣品和银饰品，创造了自己的民族服饰。油茶、腌鱼、腌肉、牛瘪、羊瘪等是侗族人民的特色食品。侗年、三月三、吃新节、祭萨节、林王节等成为侗族人民的传统节日，这期间，侗族人民创造了踩歌堂等民族舞蹈和"斗牛""抢花炮""摔跤"等民族体育项目。

三

侗族文化多彩而神秘，其中，酒文化也是多彩侗族文化的重要组成部分。在侗族文化的总范畴里，一直存在着一个蕴涵丰富、相对独立完整的酒文化系统。中国对酒文化的研究比较晚，"酒文化"一词直到20世纪80年代才由著名经济学家于光远教授首次提出来，侗族对酒文化的研究也是近年来的事。一直以来，侗族还没有一本较系统研究酒文化的专著。连重要的侗族典籍《侗族通史》《侗族通览》等等对酒文化的记录也是非常简单甚至空白。现在，我很高兴地看到，《黔东南日报》文化版主编、侗族青年学者宋尧平对侗族酒文化进行了较全面的记录和搜集整理，并加以初步的研究，其中有不少宝贵的资料是第一次公布于世。这项工作是开创性的，填补了系统研究侗族酒文化的空白，因此，该书稿成为2017年度我国侗学研究取得的重要成果。出版后，就是记述和研究侗族酒文化的第一本著作。

在我国，酒文化研究作为一门古老而新兴的学科，正在成为一门显学，受到各方面越来越多的关注，对现实生活的影响是非常大的。当前，酒文化作为文化旅游资源，有着广阔的发展空间和强大的生命力。随着旅游业的逐步发展，游客对于酒文化需求的增加，"养在深闺人未识"的侗家酒风酒俗也将被合理继承和开发利用，焕发出它的诱人魅力，对侗族地区的旅游业或文化产业都具有很重要的现实意义。

四

宋尧平的《侗族酒文化》，内容分为十四章，著录了侗族酒的起源传说、酿酒工艺、酒礼、酒规、酒俗、酒具、酒令、饮酒观、酒歌等诸多酒文化现象，非常具有侗族特色。汉文化中关于酒的起源的各种传说异彩纷呈，有"上天造酒说""猿猴造酒说""仪狄造酒说""杜康造酒说"。《侗族酒文化》一书也对侗族酒的起源传说进行了探究，有"偶然发现酒藤说""蜂子发现酒说""杜康发现酒说"等，这些传说有的是新发现，丰富了世界族群关于酒的起源的传说。

阅读全书我们可以了解到，在侗乡，接人待客，酒是必不可少的。"无酒不成席"，"无酒不成礼仪"，这是天经地义的老古礼。侗家人饮酒时非常讲究酒礼酒规，酒礼渗透到宗教祭典、人生礼仪以及社会生活的各个方面。侗族酒俗，若按照人生礼仪事项，可分为"问话酒""插毛香酒""送猪头酒""过礼酒""讨八字酒""预报佳期酒""商量过大礼酒""嫁女酒""高章酒""后生吃粑酒""分离酒""结婚酒""接骆毛酒""吃六合酒""吃夜筵酒""酿海酒""卡舅公酒""谢媒酒""三朝酒""满月酒""周岁酒""祝寿酒""葬礼酒"等；按照生产生活划分，则有"合拢酒""拦路酒""转转酒""老庚酒""立新屋酒""上梁酒""进新屋酒""迁居酒""开大（财）门酒""过房（分崽）酒""龙灯酒""走亲酒""分家酒""誓愿酒""感谢酒""谢师酒""上门谢师酒""屋山头酒""团圆酒""送别酒""毕业酒""高升酒""平伙酒""陪客酒""认娘屋酒""寄妈酒""姊妹酒""姑娘酒""后生酒""劝诫酒""赔礼酒""和面酒""调解酒""诉理酒""议事酒""日常酒""挂青（扫墓）酒""安碑酒""晒谱酒"等。在传统民族节日和外来节日里，如"侗年""萨玛节""千三祭祖节""林王节""播种节""栽秧节""姑姑节""斗牛节""歌会节""黎平古帮芦笙节""从江洛香芦笙节""黄岗侗寨祭天节""三龙侗歌节""黎平鱼冻节（甲戌节）""牯脏节""瑶白摆古节""春节""社节""清明节""端午节""七月半""中秋节""重阳节""吃新节""四月八牛王节""立夏节"等也各有酒风酒俗。

侗族人喝酒不离歌，酒是歌的助兴剂，由此衍生出了丰富多彩的酒歌。边喝酒边唱歌不仅是一种娱乐的方式，也是侗族人相互交流、增加了解的酒俗。男女青年相聚相饮，可以借酒歌表达彼此的志向及爱恋；朋友之间相聚相饮，可以增进感情，以歌抒怀，驱赶内心的寂寞与忧愁；不同辈分之间相聚相饮，可以传授知识，讨教问询，谈今摆古，其乐融融。侗族的酒歌有很多种，按照不同的酒席名目唱不同的酒歌。孩子满月唱满月歌、男女结婚唱新婚歌、生日过寿唱祝寿歌等，不同的酒歌表达不同的礼俗。

酒具，是酒文化最原始的载体。酒具包括盛酒的容器和饮酒的饮具，甚至包括早期制酒的工具。侗族民间酒具的制作与运用，是侗族酒文化的构成要素之一，表现了侗族利用自然及改造自然的能力和特色，充分体现出侗族对生存环境的认知以及审美的趣味。侗族使用的酒具一般有木制酒具、竹制酒具、酒葫芦、兽角杯、陶制酒具、金属酒具，这些酒具证明了侗族酒文化的源远流长。

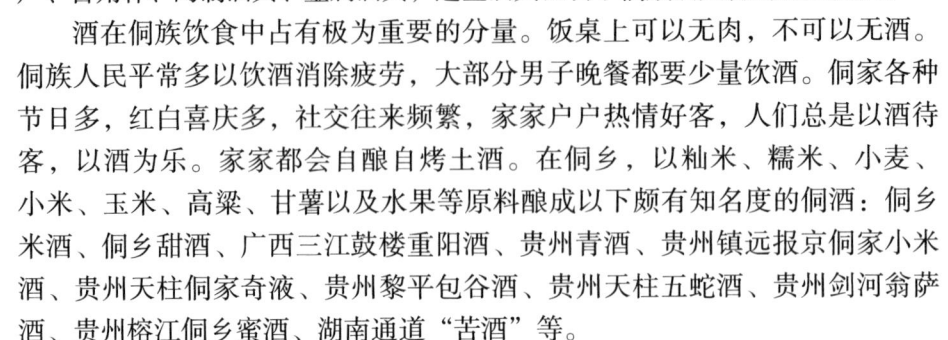

酒在侗族饮食中占有极为重要的分量。饭桌上可以无肉，不可以无酒。侗族人民平常多以饮酒消除疲劳，大部分男子晚餐都要少量饮酒。侗家各种节日多，红白喜庆多，社交往来频繁，家家户户热情好客，人们总是以酒待客，以酒为乐。家家都会自酿自烤土酒。在侗乡，以籼米、糯米、小麦、小米、玉米、高粱、甘薯以及水果等原料酿成以下颇有知名度的侗酒：侗乡米酒、侗乡甜酒、广西三江鼓楼重阳酒、贵州青酒、贵州镇远报京侗家小米酒、贵州天柱侗家奇液、贵州黎平包谷酒、贵州天柱五蛇酒、贵州剑河翁萨酒、贵州榕江侗乡蜜酒、湖南通道"苦酒"等。

五

《侗族酒文化》一书，只是对侗族酒文化现象进行记述或描绘，将之客观呈现到读者的面前，少有理论阐释的内容，这大概跟宋尧平的记者身份有关，多年记者生涯让他习惯了"用事实说话"，不过这反而成为本书的一大特点，也大大增强了本书的可读性和趣味性。宋尧平在介绍叙述侗族某种酒文化现象时，没有长篇大论，大都惜墨如金，点到为止，这也符合当今的时尚与生活需要。现在大家都在使用手机进行社交，日志、说说、QQ短信、微信等等网络文体，都在向短小精悍的文风发展，因为信息时代每天信息都在井喷，知识都在爆炸。现实生活中时间就是金钱，贵在抢到先机，要求传递信息快之又快，这样快节奏的生活需要催生了网络短小的文风。宋尧平的《侗族酒文化》一书就有着网络与新闻媒体那样的文风，全书字数不多，行文短小，但给读者的信息量大。

六

最后，我要说明没有把侗族酒文化列为侗族一大瑰宝的原因：人类越来越了解到酒是一把双刃剑，既对人类生活有利，又对社会人生有害，因而我不希望读者读了宋尧平的《侗族酒文化》后，迷恋侗族的酒风酒俗、酒规酒礼而嗜酒如命。其实，历史上侗族在创造和运用酒文化的同时，早就看到酒的危害，也看到酒风酒俗中产生了一些不雅的形象和嗜酒如命的酒徒。所以，《侗族酒文化》一书的《饮酒观》里也写到了过量饮酒的危害与侗族劝世歌劝人们正确对待酒，甚至戒酒的说教。在侗乡，千百年来有劝人莫好酒贪杯误事的大量劝世歌作品，其中，贵州省黎平县腊洞的歌师和侗戏鼻祖吴文彩所编的劝世歌《酒色财气歌》对于劝人正确对待酒非常有代表性，已经成为侗歌的经典作品。《酒色财气歌》里把酒的危害看得很重，排在第一，如何劝诫呢？吴文彩编的劝世歌是这样唱的，译文如下：

> 喝到好酒莫贪杯，从来酒醉惹人嫌。
> 会坐桌子就要会起身，莫要没完没了贪杯在后边。
> 饿饭十天人要死，饿酒百日照样活得鲜。
> 喝酒总得有个量，莫要贪杯卖光老秧田。

从歌词来看，吴文彩一劝人们不要喝醉。因为喝醉了酒，丑态百出，从来都遭人嫌弃。喝醉了酒，往往出言不逊，话语伤人，影响和谐相处。喝醉了酒，往往发酒疯，手舞足蹈，出手伤人，打老婆、打儿女、打家具、打前来相劝的人，弄得鸡犬不宁，甚至酿成祸事；喝醉了酒，往往寻衅滋事，扰乱社会治安；喝醉了酒，往往要找平时有怨恨的人报复，于是，放火杀人，走上犯罪的道路。所以，劝人们千万保持清醒的头脑，不要喝醉。二劝人们不要好酒贪杯。因为好酒贪杯的人没完没了地喝，主人家难得侍候。吃酒席别的人都散去了，好酒贪杯的人还在喝着，拖延在后头，主人家等待收拾的时间太长，很不好办。三劝人们不要败家，因为"饿饭十天人要死，饿酒百日照样活得鲜"。人生在世，要想活命，必须吃饭，但是，不喝酒对人的生命并无什么影响。所以，如果不是正当应酬，酒可以不喝，可以戒掉，尤其是经常因喝酒误事的人应该自觉戒酒，身体有病的人也应戒酒。不论是经常喝酒与外人发生纠纷，还是经常喝酒导致身体健康受损坏，生病，丧失劳动力，结果都会导致败家。如果天天打酒喝，喝光了家产，甚至把老祖宗留下来的老秧田——家业的根基也卖来买酒喝，那更是地地道道的败家崽。所以，吴文彩劝人们喝酒要有个度，有个限量，否则，就会带来不好的结果。今天我们研究酒文化，弘扬酒文化，是要对酒这一媒质扬长避短，趋利避害，让酒文化在社会人生中产生积极的作用，有利于和谐社会的构建，邻里的和睦相处，人与人之间的团结友爱，每一个人的安全与健康。

傅安辉

2017年9月12日于养心书屋

（作者系凯里学院教授、黔东南发展研究院院长、省管专家、全国模范教师）

目 录

序 一 ··· 1

序 二 ··· 7

第一章 侗族概述 ··· 1
  一、族称 ··· 1
  二、族源 ··· 2
  三、居住地 ·· 2
  四、人口 ··· 3
  五、语言 ··· 4
  六、文字 ··· 4
  七、文化 ··· 4

第二章 酒的起源 ··· 8
  一、中国酒的起源 ·· 8
  二、世界各酒种的起源 ····································· 17
  三、侗族酒的起源 ·· 22

第三章 侗 酒 ··· 26
  一、酒的分类 ··· 26
  二、侗酒 ··· 29

第四章　酿酒工艺 · 37
一、侗酒的制作方法 · 37
二、药用酒的制作方法 · 40

第五章　侗族的酒礼酒规酒俗 · 43
一、无酒不成礼仪 · 43
二、远古的遗风 · 43
三、酒俗的分类 · 44
四、酒席上的礼仪 · 44
五、"酒四"常规酒 · 47
六、饮酒的忌讳 · 47

第六章　人生礼仪中的酒俗 · 49
一、婚嫁酒俗 · 49
二、"三朝"酒俗 · 62
三、满月酒俗 · 63
四、周岁酒俗 · 65
五、祝寿酒俗 · 65
六、葬礼酒俗 · 65

第七章　生产生活中的酒俗 · 66
一、合拢酒 · 66
二、拦路酒 · 67
三、转转酒 · 68
四、老庚酒 · 68
五、立新屋酒 · 68
六、上梁酒 · 68
七、进新屋酒 · 69
八、迁居酒 · 69
九、开大门酒 · 69

十、过房（分崽）酒 70
十一、龙灯酒 70
十二、走亲酒 71
十三、分家酒 71
十四、誓愿酒 71
十五、感谢酒 72
十六、谢师酒 72
十七、屋山头酒 72
十八、团圆酒 73
十九、送别酒 73
二十、毕业酒 73
二十一、高升酒 73
二十二、平伙酒 73
二十三、陪客酒 74
二十四、认娘屋酒 74
二十五、寄妈酒 74
二十六、姊妹酒 75
二十七、姑娘酒 75
二十八、后生酒 75
二十九、劝诫酒 75
三十、赔礼酒 75
三十一、和面酒 76
三十二、调解酒 76
三十三、诉理酒 76
三十四、议事酒 76
三十五、日常酒 76
三十六、挂亲（扫墓）酒 77
三十七、安碑酒 77
三十八、晒谱酒 78

第八章　节日中的酒俗 ························· 79
 一、春节 ································· 79
 二、社日节 ······························· 85
 三、清明节 ······························· 86
 四、端午节 ······························· 87
 五、七月半 ······························· 88
 六、中秋节 ······························· 89
 七、重阳节 ······························· 89
 八、侗年 ································· 90
 九、萨玛节 ······························· 91
 十、吃新节 ······························· 92
 十一、斗牛节 ····························· 93
 十二、歌会节 ····························· 94
 十三、千三祭祖节 ························· 94
 十四、播种节 ····························· 95
 十五、牛王节 ····························· 96
 十六、栽秧节 ····························· 96
 十七、立夏节 ····························· 97
 十八、林王节 ····························· 97
 十九、姑姑节 ····························· 98
 二十、黎平古帮芦笙节 ····················· 98
 二十一、从江洛香芦笙节 ··················· 99
 二十二、黄岗侗寨祭天节 ··················· 101
 二十三、三龙侗歌节 ······················· 101
 二十四、黎平鱼冻节（甲戌节） ············· 102
 二十五、牯脏节 ··························· 102
 二十六、瑶白摆古节 ······················· 103

第九章　祭祀中的酒俗 ························· 104
 一、祭祀神灵、祖先的习俗 ················· 104

二、请神灵吃酒歌 ································· 106

第十章　酒　令 ································· **108**
　　一、雅令 ····································· 108
　　二、通令 ····································· 108
　　三、"嗨莱学"酒令文化 ··················· 109

第十一章　酒　具 ································· **111**
　　一、金属酒具 ······························· 111
　　二、木制酒具 ······························· 112
　　三、兽角酒具 ······························· 113
　　四、竹制酒具 ······························· 113
　　五、葫芦制酒具 ··························· 114
　　六、陶制酒具 ······························· 115

第十二章　饮酒观 ································· **116**
　　一、劝酒 ····································· 116
　　二、过量饮酒的危害 ······················ 117
　　三、侗族劝世酒歌 ························· 118

第十三章　酒　歌 ································· **120**
　　一、结亲问话歌 ··························· 120
　　二、插毛香歌 ······························· 121
　　三、送篮子歌（送猪头歌） ············ 122
　　四、商量过礼歌 ··························· 123
　　五、讨八字歌 ······························· 123
　　六、预报佳期歌 ··························· 124
　　七、嫁女酒歌 ······························· 124
　　八、接亲酒歌 ······························· 126
　　九、结婚夜筵酒歌 ························· 141

十、酿海酒歌 …………………………………… 146
　　十一、打三朝贺生女的歌 ………………………… 150
　　十二、打三朝贺生男的歌 ………………………… 155
　　十三、打三朝唱着阿婆舅妈的歌 ………………… 158
　　十四、打三朝主人感谢宾客的歌 ………………… 160
　　十五、贺周岁主客对唱 …………………………… 162
　　十六、贺寿主客对唱 ……………………………… 166
　　十七、贺唱"福禄寿喜"四字 …………………… 170
　　十八、贺新屋歌 …………………………………… 170
　　十九、开席歌 ……………………………………… 172
　　二十、敬酒歌 ……………………………………… 175

第十四章　民间故事 ………………………………… 179
　　一、湘黔桂交界抗日酒令歌的故事 ……………… 179
　　二、还酒 …………………………………………… 181

附　录 ………………………………………………… 183
　　一、生日祝酒词 …………………………………… 183
　　二、结婚祝酒词 …………………………………… 191
　　三、其他祝酒词 …………………………………… 195

主要参考书目 ………………………………………… 203
后　记 ………………………………………………… 205

第一章 侗族概述

侗族是我国56个民族之一，系祖国西南的一个少数民族。

一、族称

侗族自称为Gaeml（Kaml，接近"更"的读音），汉族称之为"侗家"，苗族称之为（Taku），水族称之为（Kaml）。宋代汉文史籍记为"仡伶"或"仡览"；明清时期，史书记为"洞人""峒人""狪人""峒蛮""峒苗"；解放后，正式称为"侗族"。"侗族"这一称谓是20世纪50年代我国定民族名称时由周恩来总理亲自确定的。

抬官人

二、族源

侗族是我国南方一个古老的民族,是南方百越民族的一支。究其族源,大致有"骆越说""干越说"等;究其演变,又有越为僚说、武陵蛮与越融合为僚说、越与"黔中蛮""五溪蛮"等等。

三、居住地

原来,侗族作为百越民族的一支,是我国南方沿海一带的居民。后来,因躲避水患、瘟疫及战乱,屡屡往西南迁徙。隋唐时期,曾在今广西与广东交界的梧州、湖南与湖北交界的洞庭湖一带居住。史料记载:唐初,为扩疆土,朝廷曾数次驱逐边疆少数民族。至公元629年止,针对居住在岭南、梧州一带的"越人"大规模的军事行动达四次。侗族人民不得不背井离乡,逃往湘黔桂毗连地带及湖北西南一带居住至今。

侗族主要聚居区位于祖国西南,处在云贵高原与湘西丘陵和桂北丘陵地区的过渡阶梯上,约东经108度至110度,北纬25度至31度之间,东西宽350千米,南北长600千米,总面积约40,000平方千米。地势西北高,东南低,海拔为300米至2000余米。其东有雪峰山为屏障,西有苗岭支脉环绕,北有武陵山、佛顶山为蕃篱,南有九万大山和越城岭相错合抱,中有雷公山自西北向东南伸展,为长江和珠江两大水系分水岭。潕阳河、清水江、都柳江贯穿其间。由于群山连绵、溪流密布、沟壑纵横,境内多山,没有平原,因此仅在群山夹谷之间和溪旁河畔散布着零零散散的山间盆地,小的几十万平方米,大的上千万平方米,这些大大小小的山间盆地,俗称"坝子"。山地和坝子就是侗族人民世代生息繁衍的溪洞地区,这里土地肥沃、气候温和、雨量充沛,给侗族人民开发山区、发展林农经济提供了优越条件。但因山水阻隔,交通不便,对外交往困难,人们世世代代生活在闭塞的环境之中,因此侗族地区社会经济发展受到了很大的制约。

现在,从行政区划来看,侗族世居地主要分布在贵州省、湖南省、广西省和湖北省。具体说,侗族人口主要居住在贵州省黔东南州的黎平、榕江、从江、锦屏、三穗、天柱、剑河、镇远、岑巩,铜仁地区的玉屏、江口、铜仁、石阡、松桃以及万山特区,黔南州也有少量侗族人居住;湖南省的新晃、通道、城步、芷江、靖县、会同、绥宁;广西区的三江、龙胜、融水;湖北省的宣施、宣恩、咸丰等县地。侗族居住地基本上是集中而连成一片的,民族内部交往密切,凝聚力较强,民俗民风纯朴。

千人侗族大歌

四、人口

据第六次全国人口普查资料显示,全国共有侗族人口2,879,974人,简称288万人,比第5次全国人口普查的侗族人口统计人数2,960,300人减少了80,326人。侗族主要聚居省份人口:第一是贵州省1,431,928人,占全国侗族人口的49.72%;第二是湖南省854,960人,占全国侗族人口29.69%;第三是广西壮族自治区305,565人,占全国侗族人口10.61%;第四位是湖北省52,121人,占1.81%。以人口数量排序,全国侗族人口数在全国56个民族中居第10位。黔东南州侗族人口数为101万多人,占全国侗族人口的三分之一强,也就是说,全国每三个侗族人就有一个居住在贵州省黔东南州。贵州省是全国侗族人口居住最多的省份,而黔东南州又是贵州省侗族人口居住最多的地区。

黔东南州的苗族和侗族是黔东南州的两大主体民族。据第六次全国人口普查资料显示,黔东南州的苗族人口有1,447,257人,占全州人口3,481,891人的41.57%,人口数在黔东南州10多个民族中居第一位;黔东南州的侗族人口有1,010,352人,占全州人口的29.02%,居第2位;黔东南州的汉族人口有756,587人,占全州人口的21.73%,居第3位。

五、语言

侗族有自己的语言——侗语，属汉藏语系壮侗语族侗水语支。侗语与壮语、布依语、傣语等有着亲缘关系，尤其与毛南语、仫佬语、水语关系密切。侗语语音音系比较复杂，其构词法往往与汉语的词序倒置，句子主要成分的次序为"主语+定语+谓语+宾语+定语"。侗语分为南部、北部两个方言区。北部方言区包括湖南芷江县、新晃县、会同县，贵州省锦屏县东北部、天柱县、剑河县、镇远县、三穗县、玉屏县、岑巩县、江口县、石阡县等，湖北省鄂西地区的侗族也属于北侗县；南部方言区包括贵州省锦屏县西南、榕江县、从江县和黎平县，广西三江县、龙胜县、融安县、融水县等，湖南通道县、靖州县等。由于侗族地区接近汉族地区，侗汉两族长期交往，因而，在侗族当中有许多人会说汉语，甚至有的地方完全使用汉语代替侗语，这种现象在北部方言区较为普遍。

六、文字

侗族在历史上没有创立过自己民族的文字，一直沿用汉文，也采用汉字记侗音的书面形式而形成方块汉字侗文。建国以后，国家于1956年组织专业人员，对侗语进行调查研究，确定以南部方言为基础，以榕江县的章鲁话为标准语音，用拉丁字母为文字符号，创立了侗文，形成拉丁字母侗文。侗文方案收有32个生母，64个韵母，9个声调。过去，方块汉字侗文在民间使用较多。现在，拉丁字母侗文在研究机构使用较多。但是，改革开放以来，民间越来越汉化，直接使用汉语汉字汉文的现象也越来越普遍。

七、文化

黔东南侗族和我国其他地方的侗族一样，以民族的智慧创造了丰富多彩的文化。说到侗族文化，人们常称赞："侗族三件宝，大歌鼓楼风雨桥。"大歌被视为侗族文化的第一个宝物，侗族因为民间有多声部和声艺术——侗族大歌，故而被称赞为"音乐的民族"。侗乡被誉为"诗的海洋""歌的世界""故事的摇篮""侗戏的天堂"，其中，"歌的世界""侗戏的天堂"就与音乐密不可分。在历史发展进程中，代表侗族民间音乐水平的侗族大歌与侗族人民的族群认同、文化教育、生产生活、人生礼仪等等息息相关，尤其是黔东南侗族的大歌、劝世歌等很有社会教化功用，甚至有时侗乡发生民事纠纷，可用侗歌进行教育劝解，不必通过行政和司法渠道。我国著名文化学者余秋雨先生考察黔东南的民族文化时，认为"侗族村寨里的很多问题都会在歌声中消融掉。其他地方的纠纷，需要通过打架或上法院来解决，在这里只要通过劝世歌就可以解决。这说明了艺术的目标，形成了起点性与终点性的拱性结构。""剑拔弩张的社会矛盾能够在这里被歌声解决。原来以为这些只能是美学家的一种期盼，其实在侗寨肇兴就得到了体现。这是侗寨人的精神自足传统"。千百年来，侗族通过唱歌来处理好人际关系、保持家庭和睦、维护社会稳定、推动社会的文明与进步。侗族的歌实际上已经成为侗族人民进行家庭伦理和社会道德教育的教科书。

歌的进一步发展，必然会产生戏剧。学者吴宗源在《<侗戏大观>序》里说："诗歌发展到极致，就产生戏剧。"在清代道光年间，吴文彩创立了侗戏。侗戏仍然以唱为主，充分保持了侗族人爱好歌唱、以唱传情、以唱达理的鲜明特色。侗戏的产生，走完了从单首歌唱到长篇说唱的旅程，进到了戏剧演唱的艺术阶段，标志着侗族文化艺术走向了成熟。侗戏吸收了汉戏之长，又发挥了侗族说唱艺术优势，是植根于侗族文学沃土上的民族优秀文艺形式，是中华民族艺苑中绽放的一朵奇葩。

黔东南侗族世居地大量存在的鼓楼、风雨桥已经成为侗寨的标志。首先，鼓楼产生于侗族村寨氏族议事制度。人们在鼓楼里祭祀、议事、唱歌、

侗族踩歌堂

迎宾、防御外侵，这些文化习俗延续了侗族浓厚的原始规范和集体主义价值观。侗族鼓楼是宝塔型结构，主要材料是杉木，造型酷似一棵挺拔的巨杉，既有宝塔之英姿，又有楼阁之优美，巍峨庄严，秀丽挺拔，其结构严密、造型独特、工艺精湛，是我国民族文化的精萃。侗族鼓楼代表了侗族建筑艺术的最高成就，也是世界木结构建筑史上有创造性的建筑形式。侗族鼓楼直接秉承了干栏式民居建造技术，不用一钉一铆，这在木质结构史上也是一种创造。其次，侗族风雨桥，不仅用于交通，因桥上修楼，以长廊连接，还可避风雨。长廊中间留着通道，两侧安有长凳，可以坐下休息，特别是在炎热的酷暑，人们纷纷前来桥上纳凉，这是一种避暑的极好享受。大家聚在桥上交谈，传递信息，或摆故事，对歌传情，其乐融融。村寨还在桥上举行迎送往来等民俗活动，侗族许多礼俗歌就是在风雨桥上唱的。侗族风雨桥雄奇壮观，一直为国内外游客所青睐，现在已经成为侗乡发展旅游业的优势看点。

其实，侗族传统稻鱼鸭种养技艺和侗族大歌一样具有国际影响力。继2009年9月30日侗族大歌被联合国教科文组织列入世界非物质文化遗产代表作名录之后，2011年6月10日以黔东南州从江县为代表的侗族传统"稻鱼鸭共生农艺系统"也被联合国粮农组织列为"全球重要农业文化遗产"。稻鱼鸭共生农艺非常环保，体现了农业生态文明。第一，稻鱼鸭共生农艺有效控制了病虫草害。第二，稻鱼鸭共生农艺增加了土壤肥力。第三，稻鱼鸭共生农艺减少了甲烷排放。第四，稻鱼鸭共生农艺发挥隐形水库的作用。第五，稻鱼鸭共生农艺保护了生物的多样性。第六，稻鱼鸭共生农艺产出的农产品安全、可靠。稻鱼鸭共生农艺蕴含了绿色环保的生态奥秘。一是食物网趋于完善。稻鱼鸭系统内的食物链复杂，实现多营养级利用各种资源，使系统稳定性增强。二是人为控制稻鱼鸭三者相克，促成三者共生。如今，侗族是东方国家唯一没有全民放弃这一传统耕作方式和技艺的民族。"稻鱼鸭共生农艺"没有对自然环境造成污染，又能在有限的稻田空间里从事多种经营，增加收入，属于生态农业，显示了侗家人的农耕智慧，顺应了时代的要求，因此凭借其农业系统的独特性和民族性，该农艺才被联合国粮农组织在全球有水稻种植的国家推广。侗族人民除了种田生产粮食，还大量植树造林，生产木材，对外进行木材贸易，创造了木商文化。

在长期的生产生活中，侗族人民积累了丰富的强身健体、治伤医病的经验，侗医侗药在民间广泛应用。侗族人自纺自织自染葛、麻、棉布来缝制衣服，配以刺绣品和银饰品，创造了自己的民族服饰。油茶、腌鱼、腌肉、牛瘪、羊瘪等是侗族人民的特色食品。侗年、三月三、吃新节、祭萨节、林王节等成为侗族人民的传统节日。其间，侗族人民创造了踩歌堂等民族舞蹈和"斗牛""抢花炮""摔跤"等民族体育项目。

此外，侗族人民以"款"为代表的制度文化，非常有社会治理的效用。浩如烟海的"款词"，博大精深，是集侗族历史、政治、经济、哲理、法制、教育等知识于一身的百科全书式的传统文化集合体，成为民族内部强有力的联系纽带，产生了强大的民族向心力。侗族酒文化也是侗文化不可分割的一部分。侗族的饮酒文化可以说是侗族人际关系的缩影。

第二章 酒的起源

一、中国酒的起源

在中华民族悠久历史的长河中,酒有着光辉的篇章。在我国,由谷物粮食酿造的酒一直处于优势地位,而果酒所占的份额很小,因此,探讨酿酒的起源主要是探讨谷物酿酒的起源。

我国酒的历史,可以追溯到上古时期。其中《史记·殷本纪》关于纣王"以酒为池,悬肉为林""为长夜之饮"的记载,以及《诗经》中"十月获稻、为此春酒"和"为此春酒,以介眉寿"的诗句等,都表明我国酒的兴起已有五千年的历史了。

据考古学家证明,在近现代出土的新石器时代的陶器制品中,已有了专用的酒器,这说明在原始社会,我国酿酒已很盛行。之后经过夏、商两代,饮酒的器具也越来越多。在出土的商殷文物中,青铜酒器占相当大的比重,说明当时饮酒的风气确实很盛。

自此之后的文字记载中,关于酒的起源的记载虽然不多,但关于酒的记述却不胜枚举。综合起来,我们主要从以下三个方面介绍酒的起源。

其一,酿酒起源的传说:①上天造酒说;②猿猴造酒说;③仪狄造酒说;④杜康造酒说。

其二,考古资料对酿酒起源的考证。

其三,现代学者对酿酒起源的看法。

(一)酿酒起源的传说

在古代,往往将酿酒的起源归于某某人的发明,把这些人说成是酿酒的祖宗,由于影响非常大,以致成了正统的观点。对于这些观点,宋代《酒谱》曾提出过质疑,认为"皆不足以考据,而多其赘说也"。这虽然不足于考据,但作为一种文化认同现象,不妨罗列于下。主要有以下几种传说。

1. 上天造酒说

东汉末年以"座上客常满,樽中酒不空"自诩的孔融,在《与曹操论酒禁书》中有"天垂酒星之耀,地列酒泉之郡"之说;经常喝得大醉,被誉为"鬼才"的诗人李贺,在《秦王饮酒》一诗中也有"龙头泻酒邀酒星"的诗句。素有"诗仙"之称的李白,在《月下独酌·其二》一诗中有"天若不爱酒,酒星不在天"的诗句。此外,如"吾爱李太白,身是酒星魂""酒泉不照九泉下""仰酒旗之景曜""拟酒旗于元象""囚酒星于天岳"等等,都经常有"酒星"或"酒旗"这样的词句。窦苹所撰《酒谱》中,也有酒"酒星之作也"的话,意思是自古以来,我国祖先就有酒是天上"酒星"所造的说法。不过,就连《酒谱》的作者本身也不相信这样的传说。

《晋书》中也有关于酒旗星座的记载:"轩辕右角南三星曰酒旗,酒官之旗也,主宴飨饮食。"轩辕,我国古星名,共十七颗星,其中十二颗属狮子星座。酒旗三星,即狮子座的ψ、ε和ω三星。这三颗星,呈"1"形排列,南边紧傍二十八宿的柳宿蛉颗星。柳宿八颗星,即长蛇座δ、σ、η、ρ、ε、3、W、⊙八星。明朗的夜晚,对照星图仔细在天空中搜寻,狮子座中的轩辕十四和长蛇座的二十八宿中的星宿一很明亮,很容易找到;酒旗三星,因亮度太小或太遥远,则肉眼很难辨认。

酒旗星的发现,最早见《周礼》一书中,据今已有近三千年的历史。二十八宿的说法,始于殷代而确立于周代,是我国古代天文学的伟大创造之一。在当时科学仪器极其简陋的情况下,我们的祖先能在浩淼的星汉中观察到这几颗并不怎样明亮的"酒旗星",并留下关于酒旗星的种种记载,这不能不说是一种奇迹。至于因何而命名为"酒旗星",都认为它"主宴飨饮食",这不仅说明我们的祖先有丰富的想象力,也证明酒在当时的社会活动与日常生活中,确实占有相当重要的位置。然而,酒自"上天造"之说,既无立论之理,又无科学论据,此乃附会之说,文学渲染夸张而已。姑且录之,仅供鉴赏。

2. 猿猴造酒说

唐人李肇所撰《国史补》一书,对人类如何捕捉聪明伶俐的猿猴有一段极精彩的记载。猿猴是十分机敏的动物,它们居于深山野林中,在巉岩林木间跳跃攀缘,出没无常,很难活捉到它们。经过细致的观察,人们发现并掌握了猿猴的一个致命弱点,那就是"嗜酒"。于是,人们在猿猴出没的地方,摆几缸香甜浓郁的美酒。猿猴闻香而至,先是在酒缸前踌躇不前,接着便小心翼翼地用指蘸酒吮尝，时间一久，没有发现什么可疑之处，终于经受不住香甜美酒的诱惑，开怀畅饮起来，直到酩酊大醉，乖乖地被人捉住。这种捕捉猿猴的方法并非我国独有，东南亚一带的群众和非洲的土著民族捕捉猿猴或大猩猩，也都采用类似的方法。这说明猿猴是经常和酒联系在一起的。

猿猴不仅嗜酒，而且还会"造酒"，这在我国的许多典籍中都有记载。清代文人李调元在他的著作《南越笔记》中记叙道："琼州（今海南岛）多猿……尝于石岩深处得猿酒，盖猿以稻米杂百花所造，一石六辄有五六升许，味最辣，然极难得。"清代的另一种笔记小说《粤西偶记》中也说："粤西平乐（今广西壮族自治区东部，西江支流桂江中游）等府，山中多猿，善采百花酿酒。樵子入山，得其巢穴者，其酒多至娄石。饮之，香美异常，名曰猿酒。"以此看来，人们在广东和广西都曾发现过猿猴"造"的酒。无独有偶，早在明朝时期，这类猿猴"造"酒的传说就有过记载。明代文人李日华在他的著述《篷拢夜话》中，也有过类似的记载："黄山多猿猱，春夏采杂花果于石洼中，酝酿成酒，香气溢发，闻娄百步。野樵深入者或得偷饮之，不可多，多即减酒痕，觉之，众猱伺得人，必嚼死之。"可见，这种猿酒是偷饮不得的。

这些不同时代、不同人的记载，起码可以证明这样的事实，即在猿猴的聚居处，多有类似"酒"的东西发现。至于这种类似"酒"的东西是怎样产生的？是纯属生物学适应的本能性活动，还是猿猴有意识、有计划的生产活动？那倒是值得研究的。要解释这种现象，还得从酒的生成原理说起。

酒是一种发酵食品，它是由一种叫酵母菌的微生物分解糖类产生的。酵母菌是一种分布极其广泛的菌类，在广袤的大自然中，尤其在一些含糖分较高的水果中，这种酵母菌更容易繁衍滋长。含糖的水果，是猿猴的重要食品。当成熟的野果坠落下来后，由于受到果皮上或空气中酵母菌的作用而生成酒，是一种自然现象。我们的日常生活中，在腐烂的水果摊附近，都能常常嗅到由于水果腐烂而散发出来的阵阵酒味儿，就是水果发酵后的味道。猿猴在水果成熟的季节，收贮大量水果于"石洼中"，堆积的水果受自然界中酵母菌的作用而发酵，在石洼中将"酒"的液体析出，这样的结果，一是并未影响水果的食用，而且析出的液体——"酒"，还有一种特别的香味供享用，习以为常，猿猴居然能在不自觉中"造"出酒来，这是既合乎逻辑又合乎情理的事情。当然，猿猴从最初尝到发酵的野果到"酝酿成酒"，是一个漫长的过程，究竟漫长到多少年月，那就是谁也无法说清楚的事情了。

3.仪狄造酒说

相传夏禹时期的仪狄发明了酿酒。公元前二世纪史书《吕氏春秋》云："仪狄作酒。"史籍中有多处提到仪狄"作酒而美""始作酒醪"的记载，似乎仪狄乃制酒之始祖。这是否是事实，有待于进一步考证。一种说法叫"仪狄作酒醪，杜康作秫酒"，这里并无时代先后之分，似乎是讲他们作的是不同的酒。"醪"，是一种糯米经过发酵而成的"醪糟儿"。性温软，其味甜，多产于江浙一带。现在的不少家庭中，仍自制醪糟儿。醪糟儿洁白细腻，稠状的糟糊可当主食，上面的清亮汁液颇近于酒。"秫"，是高粱的别称。杜康作秫酒，指的是杜康造酒所使用的原料是高粱。如果硬要将仪狄或杜康确定为酒的创始人的话，只能说仪狄是黄酒的创始人，而杜康则是高粱酒的创始人。

一种说法叫"酒之所兴，肇自上皇，成于仪狄"。意思是说，自上古三皇五帝的时候就有各种各样的造酒的方法流行于民间，是仪狄将这些造酒的方法归纳总结出来，始之流传于后世的。能进行这种总结推广工作的，当然不是一般平民，所以有的书中认定仪狄是司掌造酒的官员，这恐怕也不是没有道理的。有书载仪狄作酒之后，禹曾经"绝旨酒而疏仪狄"，也证明仪狄是很接近禹的"官员"。

仪狄是什么时代的人呢？比起杜康来，古籍中的记载要一致些，例如《世本》《吕氏春秋》《战国策》中都认为他是夏禹时代的人。他到底是从事什么职务人呢？是司酒造业的"工匠"，还是夏禹手下的臣属？他生于何地、葬于何处？都没有确凿的史料可考。那么，他是怎样发明酿酒的呢？汉代刘向编辑的《战国策》中说："昔者，帝女令仪狄作酒而美，进之禹，禹饮而甘之，遂疏仪狄，绝旨酒，曰：'后世必有以酒亡其国者'。"这一段记载，较之其他古籍中关于杜康造酒的记载业，就算详细的了。根据这段记载，情况大体是这样的：夏禹的女人，令仪狄去监造酿酒，仪狄经过一番努力，做出来的酒味道很好，于是奉献给夏禹品尝。夏禹喝了之后，觉得的确很好。可是这位被后世人奉为"圣明之君"的夏禹，不仅没有奖励造酒有功的仪狄，反而从此疏远了他，对他不仅不再信任和重用了，自己也从此和美酒绝了缘，还认为：后世一定会有因为饮酒无度而误国的君王。这段记载流传于世的后果是一些人对夏禹倍加尊崇，推他为廉洁开明的君主；而因为"禹恶旨酒"，竟使仪狄的形象成了专事谄媚进奉的小人，这实在是修史者始料未及的。

那么，仪狄是不是酒的"始作"者呢？有的古籍中还有与《世本》相矛盾的说法。例如孔子八世孙孔鲋，说帝尧、帝舜都是酒量很大的君王。早于夏禹的尧、舜都善饮酒，他们饮的是谁人制造的酒呢？可见说夏禹的臣属仪狄"始作酒醪"是不大确切的。事实上，用粮食酿酒是件程序、工艺都很复杂的事，单凭个人力量是难以完成的。仪狄再有能耐，首先发明造酒，似不大可能。如果说他是位善酿美酒的匠人、大师，或是监督酿酒的官员，他总结了前人的经验，完善了酿造的方法，终于酿出了质地优良的酒醪，这还是可能的。所以，郭沫若说："相传禹臣仪狄开始造酒，这是指比原始社会的酒更甘美浓烈的旨酒。"这种说法似乎更可信。

4. 杜康造酒说

还有一种是杜康听说的"有饭不尽，委之空桑，郁结成味，久蓄气芳，本出于代，不由奇方"。是说杜康将未吃完的剩饭，放置在桑园的树洞里，剩饭在洞中发酵后，有芳香的气味传出。这就是酒的作法，并无什么奇异的办法。由一点生活契机启发创造发明之灵感，这是很合乎发明创造的规律的，这段记载在后世流传，杜康便成了很能够留心周围的小事，并能及时启动创作灵感的发明家。

魏武帝乐府曰："何以解忧，惟有杜康。"从此以后，认为酒就是杜康所创的说法似乎更多了。窦苹考据了"杜"姓的起源及沿革，认为"杜氏本出于刘，累在商为豕韦氏，武王封之于杜，传至杜伯，为宣王所诛，子孙奔晋，遂有杜氏者，士会和言其后也"。说明杜姓到杜康的时候，已经是禹之后很久的事情了。在上古时期，就已经有"尧酒千钟"之说了。如果说酒是杜康所创，那么尧喝的是什么人酿造的酒呢？

历史上，杜康确有其人。古籍中如《世本》《吕氏春秋》《战国策》《说文解字》等书，对杜康都有过记载。清乾隆十九年重修的《白水县志》中，对杜康也有过较详的记载。白水县，位于陕北高原南缘与关中平原交接处，因流经县治的一条河水底多白色石头而得名。白水县，系"古雍州之城，周末为彭戏，春秋为彭衙""汉景帝建粟邑衙县""唐建白水县于今治"，可谓历史悠久。白水因有所谓"四大贤人"遗址而名萤中外：一是相传为黄帝的史官、创造文字的仓颉，出生于本县阳武村；二是死后被封为彭衙土神的雷祥，生前善制瓷器；三是我国"四大发明"之一的造纸术发明者东汉人蔡伦，不知缘何因由也在此地留有坟墓；此外就是相传为酿酒的鼻祖杜康的遗址了。一个黄土高原上的小小县城，一下子拥有仓颉、雷祥、蔡伦、杜康这四大贤人的遗址，那显赫程度可就不言而喻了。

"杜康，字仲宁，相传为县康家卫人，善造酒。"康家卫是一个至今仍存的小村庄，西距县城七八千米。村边有一道大沟，长约十千米，最宽处一百多米，最深处也近百米，人们叫它"杜康沟"。沟的起源处有一眼泉，四周绿树环绕，草木丛生，名"杜康泉"。县志上说"俗传杜康取此水造酒""乡民谓此水至今有酒味"。有酒味故然不确，但此泉水质清冽甘爽却是事实。清流从泉眼中汩汩涌出，沿着沟底流淌，最后汇入白水河，人们称它为"杜康河"。杜康泉旁边的土坡上，有个直径五六米的大土包，以砖墙围护着，传说是杜康埋骸之所。杜康庙就在坟墓左侧，凿壁为室，供奉杜康造像。据县志记载，往日，乡民每逢正月二十一日，都要带上供品，到这里祭祀，组织"赛享"活动。这一天热闹非常，搭台演戏，商贩云集，熙熙攘攘，直至日落西山人们方尽兴而散。如今，杜康墓和杜康庙均在修整，杜康泉上已建好一座凉亭。亭呈六角形，红柱绿瓦，五彩飞檐，楣上绘着"杜康醉刘伶""青梅煮酒论英雄"故事图画。尽管杜康的出生地等均系"相传"，但据考古工作者在这一带发现的残砖断瓦考定，商周之时，此地确有建筑物。此外，这里产酒的历史也颇为悠久。唐代大诗人杜甫于安史之乱时，曾挈家来此依其舅氏崔少府，写下了《白水舅宅喜雨》等诗多首，诗句中有"今日醉弦歌""生开桑落酒"等关于饮酒的记载。酿酒专家们对杜康泉水也作过化验，认为水质适于造酒。1976年，白水县人在杜康泉附近建立了一家现代化酒厂，定名为"杜康酒厂"，用该泉之水酿酒，产品名"杜康酒"，曾获得国家轻工业部全国酒类大赛的铜杯奖。

无独有偶，清道光十八年重修的《伊阳县志》和道光二十年修的《汝州全志》中，也都有过关于杜康遗址的记载。《伊阳县志》中《水》条里，有"杜水河"一语，释曰"俗传杜康造酒于此"。《汝州全志》中说："杜康叭""在城北五十里"处的地方。今天，这里倒是有一个叫"杜康仙庄"的小村，人们说这里就是杜康叭。"叭"，本义是指石头的破裂声，而杜康仙庄一带的土壤又正是山石风化而成的。从地隙中涌出许多股清冽的泉水，汇入旁村流过的一小河中，人们说这段河就是杜水河。有趣的是，在傍村这段河道中，生长着一种长约一厘米的小虾，全身澄黄，蜷腰横行，为别处所罕见。此外，生长在这段河套上的鸭子生的蛋，蛋黄泛红，远较他处的颜色深。此地村民由于饮用这段河水，竟没有患胃病的人。在距杜康仙庄北约十多千米的伊川县境内，有一眼名叫"上皇古泉"的泉眼，相传也是杜康取过水的泉。如今在伊川县和汝阳县，已分别建立了颇具规模的杜康酒厂，产品都叫杜康酒。伊川的产品、汝阳的产品连同白水的产品合在一起，年产量达一万多吨，这恐怕是杜康当年所无法想象的。

史籍中还有少康造酒的记载。少康即杜康，不过是不同年代的称谓罢了。那么，酒之源究竟在哪里呢？窦苹认为"予谓智者作之，天下后世循之而莫能废"，这是很有道理的。劳动人民在经年累月的劳动实践中，积累下了制造酒的方法，经过有知识、有远见的"智者"归纳总结，后代人按照先祖传下来的办法一代一代地相袭相循，流传至今。这个说法比较接近实际，也是合乎唯物主义认识论的。

（二）考古资料对酿酒起源的考证

谷物酿酒的两个先决条件是酿酒原料和酿酒容器。以下几个典型的新石器文化时期的情况对酿酒的起源有一定的参考作用。

（1）裴李岗文化时期（公元前6000—公元前5000年）

（2）河姆渡文化时期（公元前5000年—公元前4000年）

上述两个文化时期，均有陶器和农作物遗存，均具备酿酒的物质条件。

（3）磁山文化时期

磁山文化时期距今7355—7235年，有发达的农业经济。据有关专家统计：在遗址中发现的"粮食堆积为100立方米，折合重量5万公斤"还发现了一些形制类似于后世酒器的陶器。有人认为，在磁山文化时期，谷物酿酒的可能性是很大的。

（4）三星堆遗址

该遗址地处四川省广汉，埋藏物为公元前4800年至公元前2870年之间。该遗址中出土了大量的陶器和青铜酒器，其器形有杯、觚、壶等。其形状之大也为史前文物所少见。

（5）山东莒县陵阴河大汶口文化墓葬

该墓葬为公元前3500年—公元前2500年之间。1979年，考古工作者在山东莒县陵阴河大汶口文化墓葬中发掘到大量的酒器。尤其引人注意的是其中有一组合酒器，包括酿造发酵所用的大陶尊，滤酒所用的漏缸，贮酒所用的陶瓮，用于煮熟物料所用的炊具陶鼎。还有各种类型的饮酒器具100多件。据考古人员分析，墓主生前可能是一职业酿酒者。在发掘到的陶缸壁上还发现刻有一幅图，据分析是滤酒图。

（6）龙山文化时期

在龙山文化时期（公元前2500年—公元前2000年），酒器就更多了。国内学者普遍认为龙山文化时期酿酒是较为发达的行业。

以上考古得到的资料都证实了古代传说中的黄帝时期，以及夏禹时代确实存在着酿酒这一行业。

（三）现代学者对酿酒起源的看法

1. 酒是天然产物

最近科学家发现，在漫漫宇宙中，存在着一些由酒精所组成的天体。它们蕴藏着的酒精，如制成啤酒，可供人类饮几亿年，说明酒是自然界的一种天然产物，人类不是发明了酒，仅仅是发现了酒。酒里的最主要的成分是酒精（学名是乙醇，分子式为 C_2H_5OH），而许多物质可以通过多种方式转变成酒精，大自然完全具备产生这些条件的基础。如葡萄糖可在微生物所分泌的酶的作用下，转变成酒精。只要具备一定的条件，就可以将某些物质转变成酒精。

我国晋代的江统在《酒诰》中写道："酒之所兴，肇自上皇，或云仪狄，又云杜康。有饭不尽，委馀空桑，郁积成味，久蓄气芳，本出于此，不由奇方。"在这里，古人提出剩饭自然发酵成酒的观点，是符合科学道理及实际情况的。江统是我国历史上第一个提出谷物自然发酵酿酒学说的人。总之，人类开始酿造谷物酒，并非发明创造，而是发现。方心芳先生则对此作了具体的描述："在农业出现前后，贮藏谷物的方法粗放。天然谷物受潮后会发霉和发芽，吃剩的熟谷物也会发霉，这些发霉发芽的谷粒，就是上古时期的天然曲蘖，将之浸入水中，便发酵成酒，即天然酒。人们不断接触天然曲蘖和天然酒，并逐渐接受了天然酒这种饮料，于是就发明了人工曲蘖和人工酒，久而久之，就发明了人工曲蘖和人工酒。"现代科学对这一问题的解释是：剩饭中的淀粉在自然界存在的微生物所分泌的酶的作用下，逐步分解成糖分、酒精，之后自然转变成了酒香浓郁的酒。

2. 果酒和乳酒——第一代饮料酒

人类有意识地酿酒，是从模仿大自然的杰作开始的。我国古代书籍中就有不少关于水果自然发酵成酒的记载。如宋代周密在《癸辛杂识》中曾记载山梨被人们贮藏在陶缸中，之后竟变成了清香扑鼻的梨酒。元代的元好问在《蒲桃酒赋》的序言中也记载道，某山民因避难山中，堆积在缸中的蒲桃也变成了芳香醇美的蒲桃酒。古代史籍中还有所谓"猿酒"的记载，当然这种猿酒并不是猿猴有意识酿造的酒，而是猿猴采集的水果自然发酵所生成的果酒。

远在旧石器时代，人们以采集和狩猎为生，水果自然是主食之一。水果中含有较多的糖分（如葡萄糖，果糖）及其他成分，在自然界中微生物的作用下，很容易自然发酵生成香气扑鼻、美味可口的果酒。另外，动物的乳汁中含有蛋白质和乳糖，极易发酵成酒，以狩猎为生的先民们也有可能意外地从留存的乳汁中得到乳酒。《黄帝内经》中记载有一种"醴酪"，是对我国乳酒的最早记载。根据古代的传说及酿酒原理的推测，人类有意识酿造的最原始的酒类品种应是果酒和乳酒，因为果物和动物的乳汁极易发酵成酒，所需的酿造技术较为简单。

3. 使用谷物酿酒始于何时？

探讨使用谷物酿酒的起源，有个问题值得考虑：使用谷物酿酒起源于何时？

使用谷物酿酒始于何时，有两种截然相反的观点。

传统的酿酒起源观认为：酿酒是在农耕之后才发展起来的，这种观点早在汉代就有人提出。汉代刘安在《淮南子》中说："清盎之美，始于耒耜。"现代的许多学者也持有相同的看法，有人甚至认为是当农业发展到一定程度，有了剩余粮食后，才开始酿酒的。

另一种观点认为：谷物酿酒先于农耕时代。如在1937年，我国考古学家吴其昌先生曾提出一个很有趣的观点："我们祖先最早种稻种黍的目的，是为酿酒而非做饭……吃饭实在是从饮酒中带出来。"这种观点在国外是较为流行的，但一直没有证据。时隔半个世纪，美国宾夕法尼亚大学人类学家索罗门·卡茨博士发表论文，又提出了类似的观点，认为人们最初种粮食的目的是为了酿制啤酒，人们先是发现采集而来的谷物可以酿造成酒，而后开始有意识地种植谷物，以便保证酿酒原料的供应。该观点的依据是：远古时代，人类的主食是肉类而不是谷物，既然人类赖以生存的主食不是谷物，那么对人类种植谷物的解释可能也可另辟蹊径。国外有人发现在一万多年前，远古时代的人们已经开始酿造谷物酒，而那时，人们仍然过着游牧生活。

综上所述，关于使用谷物酿酒的起源有两种主要观点，即：先于农耕时代，后于农耕时代。新的观点的提出，对传统观点进行再探讨，对酒的起源和发展，以及对人类社会的发展都是极有意义的。

二、世界各酒种的起源

（一）啤酒、葡萄酒

伊拉克在人类历史上产生了重要影响。古巴比伦王国就在这片土地上建立，这就是著名的两河流域。这里最早的居民是苏美尔人，也就是萨达姆的祖先，创造了世界上最古老的文字——楔形文字。根据苏美尔人时代遗留下来的文字记载，在8000多年前，他们已经知道用大麦、小麦、黑麦发酵制成饮料，在他们很原始的酿酒作坊里已经出现了酿酒用的炉子、圆桶和贮酒用的大酒桶。在法国巴黎罗浮宫内藏有一块石雕，上面刻有苏美尔人酿制啤酒的场面，距今已有7000年以上的历史了。

苏美尔人的啤酒酿造技术首先传播到了古埃及。据1994年《华盛顿邮报》载，美国华盛顿大学的考古学家们在尼罗河畔发掘到一个酿酒作坊，内有四个古老的酿酒缸。经过对陶瓷碎片的研究，证明这些是用麦芽、半熟的面包和椰枣汁配制啤酒的陶缸，并估算这一酿酒作坊至少有5400年的历史，比金字塔的历史还要悠久。

一直到公元48年，罗马凯撒大帝来到埃及，对埃及的啤酒非常感兴趣，他手下的罗马士兵和日耳曼雇佣兵很快学会了啤酒的酿造技术，并带回了欧洲。但是，罗马和希腊的贵族们认为啤酒是一种野蛮人喝的饮料，他们更欣赏的是葡萄酒。所以，欧洲啤酒酿制的中心一直偏于北欧。

现代啤酒产生的标志，是在啤酒中加入啤酒花。世界上最先使用啤酒花的是德国人。德国一个修道院的修士酿酒师，发现有一种藤蔓植物的松果状的花朵，不仅有一股沁人心脾的清香，放在嘴里还有一股苦味。他把这种花加入啤酒的酿造中，结果酿造出的啤酒苦而不涩，清新爽口，味道更醇美，贮藏期也有所延长。这种叫忽布的植物，就是我们今天所说的啤酒花。后来，运用啤酒花成为全球通用的啤酒酿造技术。

葡萄酒也在两河文明的早期留下了痕迹。据资料记载，5000多年前，苏美尔人就已经开辟了人工灌溉的葡萄园，并与许多地区开始进行葡萄酒的交易。在颂扬古代巴比伦王国的《吉尔伽美什叙事诗》中，明确记载了古代苏美尔人已经在两河流域制造红葡萄酒和白葡萄酒。

苏美尔人的葡萄酒酿造技术也传播到了古埃及。4000年前一个名叫"麦"的王子的陵墓壁画上，描绘了古埃及人挤取葡萄汁的一种方法，就是将葡萄装于一个袋中，由人用两根棍子夹袋中的葡萄，使汁流出。

3000多年前，一个以海上贸易和殖民著称的民族——腓尼基人，通过海上贸易将埃及的葡萄酒酿造技术传播到了古希腊。著名的《荷马史诗》中就有关于酿造葡萄酒的记载。由于希腊境内遍布山岳和岛屿，非常不适合耕种，除了耐干旱的水果如葡萄、橄榄外，少有作物适合种植，葡萄酒和橄榄油就成为古希腊的经济命脉。因此有人认为，"古希腊的文明，建立在葡萄酒和橄榄油之上"。

后来的罗马人在控制希腊后，把葡萄种植技术和酿造技术推广到欧洲各地，大幅增加葡萄的产量，并且开始致力于提升葡萄的品质，包括记录种植的情形、研究不同品种葡萄的培育方法、探寻相关的气候因素和地理条件，还开创了延续至今的葡萄酒窖藏技术。在这一长期的发展过程中，法国渐渐脱颖而出，成为世界葡萄酒的中心。

（二）中国黄酒

2004年12月的美国《国家科学院学报》上，刊登了一篇由中美学者合作完成的、关于河南舞阳县贾湖古人类遗址的论文。文章认为，贾湖遗址是目前世界上已知最早酿造酒类的古人类遗址，并将人类酿酒史提前到了距今9000年前后。贾湖先民酿造的酒，就是最早的中国黄酒（中国传统酿造酒的统称）。

如果说距今9000年前的贾湖酒是中国黄酒的发端，那么距今5000—7000年的仰韶文化时期，中国谷物酿酒已经达到历史上第一个高潮。"酉瓶"，考古学名称为"小口尖底瓶"，是仰韶文化中自始至终使用的一种标志性器物。遗址中是否有小口尖底瓶，是判断是否为仰韶文化的主要依据。我国考古学的奠基者、考古学家苏秉琦先生指出："小口尖底瓶未必都是汲水器。甲骨文的'酉'字就是尖底瓶的象形。由它组成的会意字如'尊''奠'，其中所装的不应是日常饮用的水，甚至不是日常饮用的酒，而应是礼仪、祭祀用酒。尖底瓶应是一种祭器或礼器，正所谓'无酒不成礼仪'。"

20世纪40年代，毕业于日本岩手大学的酿酒专家包启安先生坚定地认为，中国最早的酿酒发酵容器当是各地仰韶文化遗址出土的小口尖底瓶。他还比较了古代甲骨文、钟鼎文中的"酒"字，以及古巴比伦苏美尔人象形文字中的"酒"字，都是小口尖底瓶的形状，而且发现古巴比伦、古埃及都使用过与我国出土的同型小口尖底瓶，分别酿造过啤酒和葡萄酒。三大文明古国，最早的酿酒器都是形状类似的器型，让我们不禁感叹，历史竟然如此惊人的相似！

中国黄酒的最大特点是使用酒曲酿酒。日本酿酒专家曾评价说："中国发明了酒曲，其影响之大，堪与中国四大发明相比。"而中国黄酒的历史命运与啤酒、葡萄酒不同。黄酒一直主要在中国本土发展，到宋代时工艺基本定型。一直到现代的黄酒工艺，也与宋代时大同小异。

（三）欧洲烈性酒

烈性酒，就是将蒸馏技术用于酒类生产而得的蒸馏酒。人类掌握蒸馏技术已经有几千年的历史。但是，现代学者一般认为用蒸馏技术蒸馏酒精，是在公元8世纪由阿拉伯人发明的，并传播到了欧洲。由于伊斯兰教反对饮酒的原因，阿拉伯人没有将这项技术发扬光大。欧洲炼丹术士们把这种蒸馏酒用拉丁语称为"生命之水"，将其作为药酒加以使用。当今世界著名的烈性酒威士忌、伏特加、白兰地的最初名字就叫作"生命之水"。

威士忌酒被认为是欧洲最早的蒸馏酒。有资料记载，1172年，英王亨利二世的军队远征爱尔兰时，曾留下这样的记述："我们看到当地饮用一种被称为'生命之水'的烈酒。"1713年，大英帝国决定对苏格兰威士忌征收麦芽税，这项税收政策是威士忌发展史上的分水岭。一方面，苏格兰规模较大的蒸馏酒企业为了减少交税，开始在原料中大量混用大麦麦芽以外的谷物，形成了两大威士忌之一的"谷物威士忌"。另一方面，规模小的威士忌企业则躲到税官难以进入的深山里秘密酿酒。由于燃料缺乏，就用泥炭代替；容器不足，就用盛葡萄酒的空橡木桶来装；酒暂时卖不出去，就贮存在小屋内，从而形成了如今苏格兰威士忌的独特生产方法，酿造了两大威士忌之一的"麦芽威士忌"。

伏特加酒最早出现在莫斯科公国（1283—1547）的有关记载中。发展到1810年，俄罗斯人彼得斯米诺夫最先将活性炭用于伏特加制造。从此，伏特加就确定了通过活性炭过滤而形成"怪味少的酒"的这种个性。到了19世纪后期，由于采用了连续蒸馏机，伏特加变得更为中性和清爽，具备了今天伏特加的风貌。

白兰地最早诞生于西班牙。西班牙天主教炼丹术士、医生阿尔诺被称为"白兰地之父"。14—15世纪，葡萄酒蒸馏技术传到法国。17世纪，白兰地在法国干邑地区实现了产业化。当时，干邑地区人们除了把蒸馏的酒叫作"生命之水"外，还将它称为"加热过的葡萄酒"。荷兰的贸易商将此直接翻译成"白兰地葡萄酒"而上市销售。

英国市场的消费者将这一名称简称为"白兰地"。也就是说，白兰地起源于西班牙，名称诞生于英国，而最好的白兰地却在法国。

（四）中国白酒

学术界对中国蒸馏酒起源的看法，上限不早于东汉，下限不晚于元代，有东汉说、唐代说、宋代说、元代说。其中东汉说、唐代说，明显证据不足。问题的焦点在于宋代说和元代说。

宋代说和元代说相比较，元代说的优势更加明显。

①宋代出现了一批至今很有影响力的酒类专著，如朱肱的《北山酒经》、苏轼的《酒经》、窦苹的《酒谱》，均未提到蒸馏的烧酒。这是一个很有力的反证。

②持宋代说的几乎都是现当代学者，但持元代说的却是以大医学家李时珍为首的元、明时期的科学家和学者。其中最早提出烧酒"法出西域"的许有壬，是元朝早、中期人；最早提出烧酒"古所无、自元始"的叶子奇，是元朝末年人，应该说可信度是很高的。

③宋代说又可以理解为"本土论者"，元代说又可以理解为"外来论者"。本土论者认为烧酒古已有之，外来论者认为烧酒是从元代传入中国的。根据大量的史料来看，外来论者明显占上风。作于元代1331年的《饮膳正要》，作者是忽思慧（蒙古族人），称烧酒为"阿剌吉酒"。叶子奇《草木子》中记载："法酒，用器烧酒之精液取之，名哈剌基。"李时珍在《本草纲目》中也认为烧酒就是"阿剌吉"。清代檀萃的《滇海虞衡志》中说："盖烧酒名酒露，元初传入中国，中国人无处不饮乎烧酒。"章穆的《饮食辨》中说："烧酒又名火酒，《饮膳正要》曰'阿剌吉'。番语也，盖此酒本非古法，元末暹罗及荷兰等处人始传其法于中土。"众口一词，信非偶然。

所以，对于中国蒸馏酒的起源，很多学者认为"元代说"更可靠。即便是元代以前的中国已经有了蒸馏技术，也没有用于酒类生产。因此，中国的蒸馏酒时代，是从元代开始的。

医学家李时珍在《本草纲目》中关于烧酒的记载，是中国酒史上最有价值的文献资料之一，其中清楚地介绍了中国蒸馏酒的三个发展阶段。

一是阿剌吉酒阶段。这个阶段具有显著的舶来品特征，属于液态发酵、液态蒸馏，以葡萄蒸馏酒即葡萄烧酒为主。《本草纲目》载："烧酒非古法也，自元时始创其法。""烧酒又称阿剌吉酒。"元时始创的是什么制造方法呢？元代人朱德润的《轧赖机酒赋》中，描述了液态发酵、液态蒸馏的制作过程。

二是黄酒蒸馏酒阶段。这个阶段，从外国传入的蒸馏酒法已经完全本土化了。《本草纲目》载："用浓酒和糟入甑，蒸令气上，用器承取酒露。凡酸坏之酒，皆可蒸烧。"其中的浓酒显然是酿造酒；糟，是酿造黄酒压榨之后的酒糟。所以，这个阶段的生产程序是：蒸煮、曲酵、压榨、蒸馏。其蒸馏的目的，最初并不是为蒸馏酒而蒸馏，而是为了处理"酸败"的黄酒。大约明代初期成书的《居家必用事类大全》中有"南番烧酒法"，是对"一切味不正之酒"进行蒸馏。

对"酸败""一切味不正之酒"进行蒸馏处理后，就可以饮用了。除了饮用之外，烧酒在当时还至少有三种用途。一是提高黄酒的保质期。在明代戴羲所编辑的《养余月令》卷十一中有："凡黄酒白酒（此处白酒，指一种酿造时间很短的米酒。笔者注），少入烧酒，则经宿不酸。"二是有利于提高酿造酒的酒度。如山西杏花村黄酒工艺中，在糖化发酵后要加入一定比例的烧酒，浸泡数十天后压榨。三是李时珍写入《本草纲目》的本意，是可以药用。

三是中国白酒阶段。《本草纲目》载："近时，惟以糯米或粳米或黍或大麦蒸熟，和曲酿瓮中七日，以甑蒸取，其清如水，味极浓烈，盖酒露也。"其核心工艺程序为：蒸粮、加曲、陶瓮固态发酵、蒸馏。与第二阶段不同的是，酒醅不经过压榨，使用固态发酵的工艺，清蒸一次清。这是典型的中国白酒生产工艺，只有到了这个阶段，中国蒸馏酒才真正地从国外酒业、中国酿造酒的体系中完全独立出来，形成了一个完全属于中国特色的蒸馏酒工艺——清香型白酒工艺。中国白酒从此诞生了。

（五）鸡尾酒

1694年，英国海军地中海舰队司令官在自己位于西班牙的官邸招待下属的将校军官。他在院子里修了一个池子，然后用朗姆酒、马拉加葡萄酒、柠檬汁、砂糖、肉豆蔻、水制出了一种混合酒。这是典型的鸡尾酒，但是这个时候鸡尾酒的名称还没有诞生。

关于鸡尾酒名称的起源，有20多种说法。其中流传最广的是，鸡尾酒起源于1776年纽约州埃尔姆斯福一家用鸡尾羽毛作装饰的酒馆。有一天，当这家酒馆各种酒都快卖完的时候，一些军官走进来要买酒喝。一位叫贝特西弗拉纳根的女侍者，便把所有剩酒统统倒在一个大容器里，并随手从一只大公鸡身上拔了一根毛把酒搅匀端出来奉客。军官们看看这酒的成色，品不出是什么酒的味道，就问贝特西，贝特西随口就答："这是鸡尾酒哇！"一位军官听了这个词，高兴地举杯祝酒，还喊了一声："鸡尾酒万岁！"从此便有了"鸡尾酒"之名。

鸡尾酒在全世界风行是"二战"之后的事。从1947年起，美国在欧亚建立了防御体系，并派遣军队驻防世界各地。以美军的驻防地为中心，美国消费文化、牛仔文化、鸡尾酒文化受到了世界各地青少年的青睐，鸡尾酒便快速地传播到世界各地。

从酒的起源和世界各主要酒种的起源可以看出，第一阶段的酒文明是从几个文明古国发源的，是世界酒文明的源头。第二阶段是由欧洲文化在世界传播，机器工业促成酒传播的燎原之势。第三阶段则是美国文化的广泛传播。鸡尾酒在短短200多年时间内成为世界风行的酒精饮料，其发展效率之高、速度之快、传播之广，都是前所未有的。

三、侗族酒的起源

著名侗族文化学者杨权编著的《侗族民间文学史》一书中，收录有一首侗族民歌《酒药之源》，描述了侗族最早的制酒过程以及原料，即侗族祖先在采野果的过程中偶然发现，某种野藤流出的浆水对人体有益，而且可以自然发酵成为发酵剂，他们掌握和利用自然发酵剂的知识，从此就学会了人工造酒。译文如下：

> 藤蔓延伸，
> 藤蔓在路旁任意延伸。
> 藤蔓延伸把路拦，
> 断掉一根流浆水。
> 垒乌尝了身健壮，
> 麻攀吃了气力用不尽，
> 各种飞鸟都来吃。
> 基马从下游的演洲来，
> 去怀远上面岳家走亲戚。
> 拿到村寨制成酒药散给众乡亲。
>
> 坐禁坐煨造酒药，
> 造了酒药置白内，
> 放进碓窝三天看，
> 三天之后香味溢。

这首歌的第一段，描写的是侗族祖先在采集野果、植物的过程当中偶然发现了某种野藤蔓流出的浆水对人体有益，自然发酵后可以成为发酵剂，初步掌握了利用自然发酵剂的知识，随着生产发展和科学知识的萌芽，人们学会了人工造酒药。第二段描绘人工制酒药的简单过程。始造酒药者坐禁和坐煨，也许不能够确定是不是真的有这二个人，然而，他们代表集体的智慧精髓。这两个人名都有其涵义：坐禁（Sox Emv）是"捂房"的意思，可能是发酵之处；坐煨（Sox Oil）是"烧房"，可能是加热的地方。也许就是侗族原始制酒药法的两个主要程序。

贵州黔东南州文化研究所所长吴佺新曾到侗乡考察，发现在从江占里侗寨流传有蜂子发现酒的传说。一天，一位侗族先人上山劳动，劳累了，来到一棵麻栗树下，准备休息时被一窝蜂子蜇晕了过去。醒后发现是蜂"疯"了蜇人。心想，为什么今天的蜂子那么"疯"？只见一群蜂子围在它们所凿的树洞旁吃湿木屑，是麻栗树分泌出来的液体湿透了木屑。他观察后确定是蜂子吃了湿木屑后而疯狂蜇人，于是也试着尝了湿木屑，感觉味道甜美可口，便用竹饭盒把湿木屑装进去带回家。回家后，他忙于其他农活，忘记了这件事。几天后，家里弥漫着一股香味，他朝着飘香的方向寻找，在竹饭盒前停了下来，香气是里面的剩糯米饭和木屑释放出来的。打开盒子后，他看到竹饭盒里还析出了一些汁液，气味芳香，香醇回甜。后来，人们就用这种原料造出了酒曲。

湖南吉首大学罗康隆研究员的硕士研究生龚伟曾对贵州黎平黄岗村的酒文化进行研究，在访问寨老吴政国的过程中了解到当地侗族先民酿酒的传说。在很久以前（具体朝代记不清了），有个男人上坡砍树，不小心砍了一根藤。这根藤流出了水，他就用嘴去喝，喝之后，觉得又酸又甜，很好喝，于是就喝多了，醉了，就躺在地上睡着了。他老婆去叫他，看到他在睡，就骂他偷懒。男人就让他老婆也尝了尝这根藤流出的水，他老婆尝了以后，也醉了。他们觉得很好喝，就拿着藤回家去煮，煮出的水，她喝了一口，不好喝，就把藤放到糯米里面去煮，米饭都很香。他就用盖子盖上，再打开盖子的时候，流出来的水蒸气（酒）很少。于是就把糯米和藤一起放在锅（原来酿酒的器具是用木桶）里煮，在锅上再放一个盆，盆里装满水，然后在锅的边上开个口，把一根管子放进去，让水蒸气沿管子流出来。

贵州从江县、黎平县等侗族地区流传着《酒的起源》的盘问歌。这组歌描述的是侗族先人发现酒曲腾"叫堂"能和米糠造酒曲，于是人们用酒曲和粮食来酿酒，后来发展到用锅烤酒，然后用坛子装酒。其译文如下：

问：你说谁人开始造酒？
　　他来造酒用甚东西装？
　　装好封好几天他去看？
　　几天去看酒发香？

答：我说"梭恩杜艾"开始造酒，
　　他来造酒用水缸装。
　　装好封好三天他去看，
　　三天去看酒发香。

问："梭恩杜艾"他用什么造成酒？
　　谁用什么造成缸？
　　怎样才能使用缸硬？
　　用甚么涂平又光？

答："梭恩杜艾"用酒曲和粮造成酒，
　　"丁宁"用土炼成缸。
　　用火去烧缸才硬，
　　用釉水涂平又光。

问：谁用什么造酒曲？
　　他造酒曲哪样装？
　　过多少天他去看？
　　才见酒曲霉菌长？

答："刹格"她用"叫堂"混合米糠造酒曲，
　　造成酒曲只用竹篮装。
　　过了三天她去看，
　　看见酒曲霉菌长。

问：谁人发明"叫堂"的秘密？
　　能和米糠造酒曲。
　　敬请情妹做介绍，
　　我们好带回家酿酒吃。

答:"杜亢"发明"叫堂"的秘密,
　　能和米糠造酒曲。
　　这种藤条满山上,
　　哥想去要各去取。

问:你说谁人来烧酒?
　　上面下边放什么?
　　什么东西中间放?
　　还有什么旁边坐?
答:我说"绍曾绍俭"来烧酒,
　　上面下边都放锅。
　　只有气桶中间放,
　　坛子装酒旁边坐。

流传于侗族南部方言区的这组歌中描述一个叫"杜亢"的人发现酒曲藤"叫堂"能和米糠造酒曲。侗话"杜亢"同"杜康"的读音相似,也许,侗族先人认为是杜康发现了酒曲。

在侗族北部方言区流传有这样的一首好事酿海歌。译文:"水是天上壬葵水,酒是重阳桂花香。杜康造酒人人爱,禹王治水归大江。"这说明在侗乡也流传杜康造酒说。

从以上几个事例可以看出,侗族利用酒曲来酿酒的历史已经很长了。

第三章 侗 酒

一、酒的分类

目前，酒的种类繁多，各地、各国分类的方法也不统一，但从传统的方法和多数人的习惯来说，可以从下面几个方面来划分。

（一）按原材料分类

根据酿酒用的原材料不同，可以划分为以下三类。

第一类：粮食酒，就是以粮食为主要原料生产的酒。如高粱酒、糯米酒、包谷酒等。

第二类：果酒，就是用水果为原料生产的酒。如葡萄酒、苹果酒、桔子酒、梨子酒、香槟酒等。

第三类：代粮酒，就是用粮食和果类以外的原料。如野生植物淀粉原料或含糖原料生产的酒，习惯称为代粮酒，或者叫代用品酒。例如，用青杠子、薯干、木薯、芭蕉芋、糖蜜等为原料生产的酒均为代粮酒。

（二）按生产工艺分类

目前，按照生产工艺的特征来分，可以分为以下三大类。

第一类：蒸馏酒，就是在生产工艺中，必须经过蒸馏过程才取得最终产品的酒。如我国的白酒，外国的白兰地、威士忌、伏特加、兰姆酒、阿拉克酒等。

就蒸馏酒而言，从世界范围来看，又有两种分类方法：一种是按原料为主、兼顾生产工艺，另一种则是按糖化发酵剂来分类。其中按糖化发酵剂分则可分为三大类。

其一是用曲作糖化发酵剂。这类酒用淀粉质原料来酿造，称为东方传统烧酒，茅台酒、日本烧酎等均用此。

其二是以麦芽为糖化剂，然后加入发酵剂来制酒。这种生产方法，在西方各国用得比较多，例如英国的威士忌就是用此法酿制的。

其三是在原料中只加入发酵剂而得的酒。如以果类为原料酿制的各类白兰地，以甘蔗为原料的兰姆酒，以及最有名的法国科涅克白兰地等都是采用这种工艺生产的。

第二类：发酵酒，又称为非蒸馏酒，就是在生产过程中不经过蒸馏燕便形成了最终产品，如黄酒、啤酒、葡萄酒和其他果子酒等。

第三类配制酒（又称再制酒），顾名思义，配制酒就是用蒸馏酒或发酵酒为酒基，再人工配入甜味辅料、香料、色素或浸泡药材、果皮、果实、动植物等而形成的最终产品的酒，如果露酒、香槟酒、汽酒及药酒、滋补酒等。

（三）按发酵特征分类

按发酵特征来分类，也是一种常见的方法，可分为以下三类。

第一类：液态法白酒，即采用酒精工艺来生产的白酒，产品均是普通白酒。

第二类：半液态法白酒，主要有两广一带的米烧酒和黄酒。

第三类：固态法白酒，系采用我国传统固态法发酵工艺酿制的大曲酒、小曲酒。

（四）按酒精含量的多少分类

按酒精含量的多少来划分，习惯将酒分为高度酒（即国外又称烈性酒）和低度酒两种。前者包括我国的白酒（烧酒）和用蒸馏工艺生产的洋酒，后者包括发酵类酒。如：高度酒可分为高度白酒（50°以上）、降度白酒（又称中度白酒，40°—50°）、低度白酒（40°以下）。低度酒由于酒种门类多，酒种间的酒度相差很大，还没有人研究划分法。但是，啤酒自1980年以来，国外已有明确的区分方法。一般的啤酒酒精含量在3.5%—5%之间，故国外把含酒精2.5%—3.5%的称为淡啤酒，1%—2.5%含量的称为低醇啤酒，1%以下的酒精含量则称为无醇啤酒。

（五）按商品的特性分类

酒按商品的特性可分为六类，分别是：白酒、黄酒、果酒、啤酒、药酒、配制酒。这六类酒中，根据酒的颜色又可分为有色酒和无色酒。黄酒、果酒、啤酒、药酒和配制酒属于有色酒，白酒属于无色酒。一般，有色酒的酒度比较低，无色酒的酒度要高些。

在有色酒中，从口味上根据甜淡的程度可分为甜型、半甜型、干型和半干型。甜的叫甜型或半甜型；不甜的叫干型或半干型。"干"从英文dry引出。以葡萄酒为例，"干"型酒含糖量在0.5%以下，口感不甜；"半干"型含糖量为0.5%—1.2%，口感有极微弱的甜味；"半甜"型含糖量为1.25%，口感较甜；"甜"型含糖量在5%以上，口感味甜。我国的黄酒，也借用西方对葡萄酒的划分法分类。而啤酒是有色酒，按色泽的深浅又可分为黄啤、黑啤、白啤（小麦制造）三大类。

无色酒如茅台酒、董酒、西凤酒等，因无色透明，通常称为白酒。其实，白酒并非白色的酒。无色酒根据酒精含量可分为低度酒、中度酒、高度酒。酒精容量的百分比称为酒的度数，每含1%称为一度。一般，40°以下的称为低度白酒，含40°—50°的称为中度白酒（亦称降度酒），50°以上的称为高度白酒。

在白酒中，又有不同的分类法。如按生产工艺方法不同，可分为三类，即液态法白酒、半液态法白酒、固态法白酒。在固态法白酒中，又可按使用酒曲块大小，划分为四类，即大曲酒、小曲酒、大小曲混用酒及麸曲酒。其中，大曲酒是指用大曲酿的酒，如窖酒、双沟大曲、贵阳大曲、洋河大曲等等；小曲酒则多以大米、小麦为原料制成的曲酿的酒，在制曲中往往要加些药材，所以也叫作"药曲"或"酒药"。酿酒中，小曲用量少，只有原料的百分之一或百分之二。而麸曲酒是以麸皮为原料做的曲酿的酒。

（六）按酒的香型分类

按酒的香型可分为以下五中类型。

第一类：酱香型酒。所谓酱香，就是有一股类似豆类发酵时发出的酱香味。这种酒的特征是酱香突出、幽雅细腻，酒体丰富醇厚，回味悠长、香而不艳，低而不淡。如茅台酒就属此类酒的典型代表，且具有隔夜留香、饮后空杯香犹存的特点。

第二类：浓香型酒。其主要特征是窖香浓郁、绵甜甘冽、香味协调、尾净余长。它以乙酸乙酯为主体香，很受消费者喜爱。这种香型酒在市面上较多，例如泸州特曲、五粮液酒、贵阳大曲、习水大曲、鸭溪窖酒等都属于浓香型白酒。

第三类：清香型酒。这种香型的酒以乙酸乙酯和乳酸乙酯两者的结合为主体香。它的主要特征是清香醇正、诸味协调、醇甜柔和、余味爽净、甘润爽口，具有传统的老白干风格。如山西杏花村汾酒是这类香型的代表，还有其他如宝丰酒、特制黄鹤楼酒也是清香型白酒。

第四类：米香型酒。它以清、甜、爽、净见长，其主要特征是蜜香清雅、入口柔绵、落口爽冽、回味怡畅。如果闻香的话，有点像黄酒酿与乳酸乙酯混和组成的蜜香。如桂林三花酒、全州湘山酒、广东长乐烧等属于此类白酒。

第五类：其他香型酒。不属以上四种香型而又没有给定香型名字的白酒，暂时统统划为其他香型白酒。如董酒、平坝窖酒、匀酒、朱昌窖酒以及白云边、白沙液等许多好酒都属于其他香型酒。它们有着各自特殊的香味和风格，只有依靠调酒师和酿酒行家，不断钻研、探索、加以证实，定型出适合这些酒味的香型来，才能把白酒的香型不断地发展、完善，从而促进酿酒工业向前发展。

此外，还有按商品价值来分的高级酒、中级酒、大路酒（普通酒），按酒液是否能产生气泡来分的起泡酒（又称发泡酒，如啤酒、香槟酒）、非起泡酒（又称非发泡酒）等等。

二、侗酒

酒在侗族饮食中占有极重要位置。侗族人民平常多以饮酒消除疲劳，大部分男子晚餐都要少量饮酒。侗家好客，加上各种节日喜庆多，社交往来频繁，人们总是以酒为礼，以酒为乐，形成无酒不成礼的习惯，因而家家都会自酿自烤土酒。在侗乡，酒多以籼米、糯米、小麦、小米、玉米、高粱、甘薯以及水果等原料酿成，主要有以下十一种侗酒。

（一）侗乡米酒

用米酿成的酒，称为米酒。侗家人一年要做四次这样的米酒：三月煮"清明酒"，五月煮"端阳酒"，八月煮"打谷酒"，腊月煮"过年酒"。不愁吃饭的人家，几乎莫不如此。

米酒的制作过程如下。用大米3升或5升（约22斤），簸净杂质和糠壳，用清水浸泡一至两小时，再用竹筛滤干，放在米甑或锅内煮熟，取出凉透。继以3升米的量加半斤酒曲的比例，与米饭和匀，洒上少量清水，用木盆装好，周围扎上谷草，盖上二层青、蓝土布，而后将盆置于锅内，盖上锅盖。灶内点上小火，气温以保持在25摄氏度为宜。过罢7~8天，闻到香甜酒味时，敞开木盆，装入另外的大坛内，密封坛口，放于阴凉处。搁上十天半个月，即可开坛烤酒。

烤酒需备有天锅，道甑、接口、围锅带和酒坛。烤酒时，把密封的酒倒入锅内，渗上适当的水，然后架上道甑，安上天锅，天锅内装满水，之后装好接口，放正不使歪斜。道甑周围用细糠扎好，不使漏气，并用一张方凳放好接酒的坛子。全都准备就绪，便在灶内燃起大火。不到半小时，源源不断的米酒就从天锅的接口流出来了。约个把钟头，锅内米糟蒸汽滴干，烤酒

侗族糯米酒原料——糯禾

就算完毕。每缸酒，指3升米可烤30碗，5升米可烤50碗，度数均在20度至25度。这种酒，味道鲜美，喝起来爽口、提神，招待亲朋，别有一番风味。

（二）甜酒

甜酒，是一种很普通的饮品。从生物化学角度来说，就是把含有淀粉的原料通过热处理后拌入酵母发酵的生成物。这种食品在侗家非同寻常。

甜酒，侗语叫"滔攀"，是侗乡山寨家家都会做、户户都常备的食品，别看它普通，却颇有独特的神秘感和灵性。在一般人家，如果子不孝、妇不贤，则往往做出的甜酒要么不熟（发酵不彻底），要么就是甜度很低，要么就是有杂味；如果家人善良、勤劳，又贤惠，做的甜酒缸缸都会醇香清甜。在制作过程中，还要拜拜老人家（祭祀祖先），避讳"四眼婆"（孕妇），这样做出的甜酒往往很甜。如果某一家连做几缸甜酒都不太好，则预示着当年的运程不顺。所以，侗家人做甜酒时都会事先收拾好家里的卫生，心怀虔诚，每一道工序都十分讲究细致。蒸熟好糯米后，出蒸子时会最先取一点熟糯米饭涂抹在屋柱子上以祭祀神灵，保佑一切顺利安好，这样做出来的甜酒又香又甜，格外可口。

侗家甜酒洋溢着侗家人的热情与好客，承载着浓郁的民族风情。外地人只要走进绿色环抱的侗乡山寨，或路过侗家人的大门口，就会听到热情、礼貌的邀请招呼声。在盛夏你会听到："来来来，快进屋，喝碗'凉水'。"接着被安排在庭院前的桃树或者李树下，或是侗家木屋的堂屋和槽门口就坐。不一会，主人就会用茶盘端上一碗碗泡着冰凉井水的甜酒让你解渴、歇脚。在寒冬，你会被请入侗家人的火铺间，不一会，主人会用鼎罐开着小米甜酒让你暖胃暖身。

　　侗家人的甜酒可谓品种繁多，吃法也不尽相同，有一些潜规则弄不好就会让你出洋相。一般用纯糯米制作，如果加上不同的杂粮后就成了小米甜酒、包谷甜酒、麦子甜酒、高粱甜酒。如果吃烧开的甜酒，可以放入荷包蛋，或者糍粑、糯米芝麻丸，也可以加些红糖、白糖、蜂蜜、红枣增加营养。各色甜酒，各有不同的风味和用途，构成了侗家人丰富多彩的甜酒文化。刚刚发酵、沤熟的甜酒叫新甜酒或者嫩甜酒，放置时间较长的叫老甜酒。其中，后者土话讲这种甜酒有点"恶"（酒精度高）。需要客人注意的是，嫩甜酒吃多了会消化不良，老甜酒多吃会醉酒。但也有专门好吃老甜酒的老者者（侗族男性老人家）赶场回家或者在附近山上做活路，吃一碗老甜

侗家女孩在煮甜酒

酒,就像喝二两酒,解疲乏窜筋骨,花阶路上的脚步会更矫健。

一般情况下,侗族人都懂得吃甜酒的潜在规矩。有如"要么不端碗,端碗必吃完"。因为端了甜酒碗,预示着你能吃完这一碗,中途不能放弃,也不能吃剩在碗里,更不能倒掉。不过在吃的期间可以加水稀释,也可求助于你的同伴,否则你会被人认为不懂规矩,浪费粮食,对主人不恭。还有如甜酒好吃,你肚量大,但本次做客仅限一碗,不能吃两碗,否则你会引起同伴们玩笑式的笑话。通常情况下,吃甜酒时是不用调羹勺子的,连筷子都只能用单只。用单只筷子吃甜酒,寓意着甜酒只是一种临时性的辅食,不是正餐,碗里没有什么可夹的,只需一只筷子刨一刨、捞一捞就可以了。

侗家的甜酒包含着侗家儿女浓郁的乡情,那甜酒娘在甜酒胚子里溶解着侗族人家许多甜蜜和幸福的生活。

侗家甜酒,和侗家人的油茶一样,无论是谁家嫁女,或是立新屋、办好事,都是正餐必不可少的前奏食品。如果遇到有侗家人办好事接媳妇,一定会有客人在酒席上对新郎新娘说,今天吃你们的喜酒,明年的这个时候就吃你们的甜酒。这话中的"吃甜酒"就是指会喜得贵子。侗家人如果有谁家添丁增口,产后的第三天早上就会开一大鼎罐的小米甜酒,满寨子家家户户去报喜,邀请去他家吃甜酒。寨子中的妇孺都会聚集在一起,一边吃甜酒,一边道贺,其景热闹喜庆。

(三)广西三江鼓楼重阳酒

重阳酒是广西著名土特产,在广西三江县具有悠久的历史和民族特色。该酒采用祖传配方,古老工艺,选用三江桐乡独特气候条件下盛产的上等香糯甜酒曲与得天独厚的清纯山泉水,经精心酿造,长期贮藏在地窖发酵而成。

重阳酒是华南特产的美酒,品质优越,是用上等香糯米、甜酒曲、山泉水酿制而成的。其口感香甜纯厚,酒性温和,具有活血、养颜、强壮筋骨的功效。常饮能补血养颜,增强免疫力,延年益寿。

相传明永历元年(顺治四年,公元1647年),永历皇帝携公主南行巡视民情,途径三江县,驻于古宜镇,三江知县忙设宴款待,捧出珍酒献之。席间,永历皇帝轻呷一口,顿觉浑身清爽,劳困皆无,急问:"此为何酒,这般神奇?"知县答:"此乃本县重阳酒也,重阳酒在民间酿造已有上千年的历史,其工艺繁杂,窖藏于地底数年,故为极珍!"永历皇帝听后,传部下要来笔墨纸砚,当即下诏书。尔后,重阳酒一直作为贡酒。三江特产鼓楼重阳酒传承千百年来酒文化精华,如今也成为深受人们喜爱的延年益寿之珍酒。

（四）贵州镇远报京侗家小米酒

贵州镇远报京乡酿制的小米酒在镇远县及周边邻县均小有名气，特别是该乡贵洒村侗寨酿造的甚是出名。

经该村酿小米酒多年的老人李德凯介绍，他家农忙之余利用自家种植的小米来酿制小米酒。他烤出的小米酒主要是用来招待自己的客人，有多余的时候才拿到市场上卖。

贵洒村里的土壤以沙土为主，地理位置较高，适合小米生长。水稻、小米、玉米是每年都要种的。

在镇远报京，家家户户都有祖传的小米酒酿酒手艺，烤出的酒质量非常好，加上小米酒本身有其独特之处：它的度数一般在38度左右，度数不高，酒后不会头痛；闻起来有淡淡的清香、喝后嘴里会慢慢回甜。

（五）贵州天柱侗家奇液

贵州天柱侗家奇液是天柱县蓝田镇杨明军承袭侗族家传秘方，根据"劳动在白天，保健在夜间""气帅血母""异病同治"的中医理论，以马泡子、见血散、半天子等10余味民间草药配合砂仁、红花、枸杞等名贵中药，利用独特工艺，佐以上等米酒浸泡精制而成。其具有双向调节作用，以消除或阻断疾病的恶性传递，在国内国际市场上占有一定地位。"侗家奇液"集滋补、保健、医疗于一体，是侗族人民的传家宝。

（六）贵州黎平包谷酒

贵州黎平包谷酒是当地名酒，据称在明清时期就开始酿制，它的主要原料是玉米，也掺杂高粱等粮食。

黎平包谷酒很有特色，它度数高、口感好，不打头，清香味中略带酱香，喝下之后还有回甜之感。口感好，不打头，正是它延续至今的原因。

1957年，各地组建酒厂，黎平县根据自己的特色，组建了如今的承德酒业公司，并且专门生产包谷酒。黎平承德酒业生产的黎平包谷酒，有40度、48度、53度、55度等几种类型。其中，40度酒水以散装为主，是目前最畅销的黎平包谷酒，每斤6元，总销量占所有黎平包谷酒的80%左右。

2015年2月13日，李克强总理到黎平视察，其间，他深入黎平大市场购买年货，然后带着这些年货到蒲洞村慰问当地群众，黎平包谷酒，就是用于慰问的年货之一。

（七）贵州天柱五蛇酒

五蛇酒系落户贵州天柱县城的贵州天黔野生动物开发有限公司的产品，主要用五步蛇、白花蛇、眼镜蛇、乌梢蛇、过树龙蛇配以金樱子、山楂、大枣、丁香等药，外加香料及蜜蜂，以天柱境内优质米酒浸泡精制而成，具有祛风除湿、活血通络、补益强身等功效。贵州天柱五蛇酒于1996年参加第七届仲夏国际精品畅销产品博览会获金奖。

（八）贵州剑河翁萨酒

翁萨酒是贵州剑河县翁萨酒厂生产的原生态酒品。翁萨酒来源于侗族古老的祭祖节，祭祖酒提前一年酿制，祭祖供品在节日13天前备齐。翁萨酒既是用于祭祖的酒品，更是侗族人用来款待客人的美酒。在侗家作客，能喝上翁萨酒，那就是受到了最高规格的礼遇。现在的翁萨酒，已是经过严格的工艺流程进行生产了，因采用剑河美酒之乡八万山圣水、天然禾糯传统工艺酿制而成，经地窖长期窖存，口味清香甘甜，酒体丰满。

（九）贵州榕江侗乡蜜酒

贵州榕江侗乡蜜酒业有限公司，始建于20世纪50年代中期，榕江侗乡蜜酒业立足于市场，精选本地优质香禾糯为原料，汲取侗乡千年传统酿酒精髓，酿造出侗乡蜜系列美酒，使之成为滋润人类疲惫心灵的甘露，为渴望生态田园风味的人士提供地道的原生态有机美酒。

"侗乡蜜酒"曾在1994年11月参加由国家科委和广州市人民政府联合主办的"第六届中国新技术产品博览会"并荣获金奖。2010年参加"首届中部酒商评选活动"并荣获金奖。

（十）湖南通道"苦酒"

在湖南通道有一种名叫"苦酒"的酒，它又称吊酒，是一种侗族人家不用烧的酒。酿制方法是：把糯米蒸熟，晾冷放入甜酒曲，置入大坛内酿制，待发酵后，漏去酒糟，纯甜酒水对半掺入当地洁净山泉，存入大坛中密封，半月后即成。

初酿的苦酒，色泽乳白，黏稠带丝，甜而略带苦味。最为上品者为九月初九酿制的苦酒，叫"重阳酒"，可放至过年时饮用，故又称"老酒"。那时色泽透亮，倒出时带有丝状，劲力较足，苦味较浓，被人们称为当地"土茅台"。这种酒度数低，可大量饮用，夏饮可解渴，冬饮可祛寒，是侗家待客的上等饮料，有"到侗乡没有喝苦酒，等于没有到侗家"的说法。苦酒后劲大，一般喝不醉，两三碗下肚后开始时没有什么醉意，一旦过量则醉而难醒，半小时后开始发作，有的一醉几天才醒，故苦酒又有"醉不醒""侗家魔水"之称。

（十一）贵州青酒

贵州镇远县青溪镇现在有侗族人口24960人，占全镇总人口的75%。青溪是三百多年前古代思州府青溪县的所在地，自古以来，这里就是以云贵通往湖广及中原的咽喉，也是官府、游客、商贾、文人墨客们过往的必经之道。

酿酒在青溪源远流长，以酒敬客是这里最为古老的风俗。由于独特的喀斯特地貌，青溪一带众多溶洞内流淌着清澈的地下河水，水质格外的清凉爽口，含有多种对人体有益的微量元素和矿物质，加上这里的土质是最适合酿酒的酸性红土，自古以来，这里酿造的白酒就在邻近地区小有名气。

1955年，青溪地区几家较大的白酒作坊经公私合营，在青溪河畔的徐家湾组建了青溪酒厂。创建初期的青溪酒厂仅有几十人，沿袭着传统的酿酒工艺，用近乎原始的生产工具开始了艰苦的创业。

1958年，青溪酒厂转为国有企业。酒厂规模扩大，工人增加到数十人。在此后几十年的岁月里，青溪酒厂犹如青溪河静静的河水，缓慢地发展着，尽管产量逐年扩大，但所生产的白酒仍如"养在深闺人未识"的少女，只为当地人所青睐。

20世纪80年代初，随着湘黔铁路的修建，青溪白酒被越来越多的消费者所认识。80年代末，青溪酒厂老艺人和科技人员相继发掘、研制了青溪大曲、泉酒、五里香、金樱大曲等几个品种的瓶装酒，使古老的美酒工艺前进了一大步。尤其是具有独特品味的浓香型青溪大曲，经省、州评酒专家鉴定，认为"窖香较浓、进口喷香、醇和回甜、余味绵长"，投入市场后深受好评，产量不断增长。改革开放以来，青溪酒厂开始得到快速发展。1984年，在老厂的基础上进行了新的技术改造和扩建，生产能力从原来的年产100余吨提高到了400余吨。

1986年，贵州掀起了大力发展贵州名酒的高潮。青溪大曲获得"贵州名酒"称号，其中38度青溪大曲成为贵州省第二家研制成功的低度浓香白酒，享有较好声誉。1988年，经贵州省政府批准，青溪酒厂由原来的青溪镇万寿宫搬迁到现在的青溪大塘村，扩建为年产青溪大曲1000吨的新厂。随着一支包括酿酒工程师、州级评酒委员和各种技术人员、生产管理人员等精英队伍的建立，有了新厂的青溪酒厂更是如虎添翼，开始把传统的酿酒工艺与科技酿酒结合起来，通过不断地探索、总结，产量和酒质得以大幅度的提升，产品开始销往省内外市场。

20世纪90年代初，在原有"青溪大曲"的基础上，开发出了一款酒质、包装更胜一筹的美酒，并将其命名为"青"酒。"青"意味着生机，意味着活力，也意味着朝气蓬勃、积极向上和永恒的情谊。

1996年9月，带着十年磨一剑的自信，青酒人来到了省城贵阳。在当时的《贵州都市报》上，发出了振聋发聩的疑问："贵州酒怎么了？"同时发表了充满自信的宣言："明天，将有一种新的酒，给贵州酒带来新的希望！"也正是在这几期广告上，青酒开始亮剑，后来被公认为绝妙而堪称经典的广告语"喝杯青酒，交个朋友"表达了自己的品牌愿景。在平实而通俗中，这一广告语传神地表达了中国人通常喝酒交际的目的，真诚地表现了人与人之间渴望沟通、渴望友情的情感世界。

带着承诺，带着对市场的清醒认识，带着深厚的文化底蕴，带着自信，青酒人踏上了振兴贵州酒的征程：为了将自己的责任感转化为重铸贵州酒形象的具体追求，青酒人在厂区内悬挂出"振兴贵州酒业，青酒要出大力"的条幅，以此激励起了全体员工的昂扬斗志。在1998年长沙糖酒会上，青酒人更以巨幅布标大声为贵州酒呐喊："喝来喝去，还是贵州好酒！"

凭借文化营销的利器，凭借过硬的产品品质，凭借新颖的营销手段，在青酒人自信而辛苦的追求下，潕阳河畔的这匹贵州白酒黑马开始腾飞：产品刚推向市场，很快就赢得市场的高度评价，一年内突破了两千多万，第二年实现了跨亿。

在"喝杯青酒，交个朋友！"的唱响声中，青酒在中国的白酒市场上纵横捭阖，风靡贵州，震撼湖南，席卷云南，中抵河南，北进天津，再起广西，云涌江苏……短短的三四年内，贵州青酒就由一个年销售额仅几百万的地方性小品牌，一跃成为销售过3亿、深受广大消费者欢迎的全国知名品牌。

2000年11月28日，青酒人通过改制，正式成立了全新的企业"贵州青酒集团有限责任公司"，完成了"国家转让产权、企业转换机制、职工转变身份"的三大转变。通过改制增添了活力的青酒人，以灵活的经营机制、新的营销理念，使产品质量稳定提高，抵抗住了一度因假冒产品猖獗而掀起的市场风浪，同时克服了因历史和体制原因遗留下来的种种困难，在愈演愈烈的市场竞争中站稳了脚跟，实现了跨越式发展。人均税利在全省白酒行业名列前茅，上交税利和人均税利在黔东南自治州连续几年排名第一。青酒也相继被评为"中国食品工业协会推荐产品""中国驰名商标""贵州省新八大名酒""中国消费者信得过品牌"，并获得了国内外的许多大奖。

第四章 酿酒工艺

侗家人平常自饮和待客的水酒，几乎都是由家庭主妇自烤自酿的，极少到市场去购买。侗族传统制酒有两种方法，一种是酿制，如泡酒和甜酒；另一种是烤制，如蒸馏的白酒。侗酒按照加工原料和药材不同，有籼米酒、糯米酒、高粱酒、包谷酒、红薯酒、蜂糖灌酒、枸杞酒和各类保健药酒等等。由于侗族地区处处绿水青山，生态环境良好，水质优良，薪柴丰富，所以烤出来的酒味道特别纯和、醇香爽口，几乎家家有美酒，户户闻酒香。

一、侗酒的制作方法

侗家的"烧酒"和"甜酒"都是用于日常生活与待客。"甜酒"和"泡酒"的加工制作过程与工艺基本相同，一步到位。将大米或玉米、高粱、红薯等原料放在甑子里蒸熟或用锅子煮熟，摊在簸箕上晾到大约20摄氏度左右，按比例拌匀"酒药"（即酒曲），然后装进木桶或大缸中，用稻草、旧

烤酒

棉衣、棕垫密封，使其发酵成酒。

"烧酒"则多一道工序，要等谷物发酵成酒糟而且分解出酒香味后，再用酒甑烧烤（蒸馏）。烧酒时，先将酒糟舀进大锅里，上面覆盖酒甑，甑上架一口铁锅，锅里盛满冰凉的井水或山泉水，酒甑四周密封不使其漏气。之后烧火加热，酒糟蒸发出来的气体被冷却凝成蒸馏水从排水管流进酒坛。这时需要注意三点：一点是柴火要烧大，但不能烧得太猛，否则会把酒烤煳；第二点是要适时给甑上的铁锅换水，把热水舀出来，再加入冷水，这样才能使酒水来得匀、来得好；第三点是烧烤时不要打开酒坛，因为热酒容易接火燃烧，会伤到人，甚至发生火灾。一般烤"三锅水"，即换三锅水为宜。第一锅水烤的酒称"头锅酒"，酒性最浓烈；第二锅水为上等酒；第三锅水的酒力稍差些。三锅水之后取的尾酒一般不饮用，只用来酿醋。

贵州省黎平县黄岗村侗族人民酿制糯米酒一共分七道程序。第一道程序分三步：一是选糯，二是脱谷，三是洗涤。脱谷技术黄岗人们已经掌握得非常熟练。因为酿酒最关键的就是要淀粉，越纯越好，但是太纯也不行，因为没有蛋白质，细菌也不能够生长。所以，只需要微量的蛋白质，蛋白质太多了，在发酵过程中，就会产生一些有毒的东西。因为糯米是纯淀粉，糯米的胚珠是其蛋白质最多的地方，所以黄岗村民在选糯过程中，把糯米的胚珠直接捽掉了，因此，就不会混入太多的蛋白质，所以酿出来的酒非常的纯真。在洗涤过程中最好要去泉眼接纯净的水，因为纯净的水所含的杂质不多。把糯米放在纯净水里面浸泡，当然由于季节的不同，浸泡的时间也有所不同（夏天要浸泡12个小时，冬天要浸泡24个小时）。浸泡的作用是让沉下去的糯米和浮上来的糯谷分开，直到用手把糯米轻轻一捏，糯米立即成为白色粉末状，这就说明洗涤工序已经基本完成，可以进行第二道程序了。但如果洗涤的不好，就会含有杂质，那就会严重影响酒的味道。

第二道程序就是蒸煮。把洗涤好的糯米放到甑子里面去煮，一定要煮透。煮透的标准是糯米与糯米之间不粘连。这一程序要达到的目标是把糯米煮透，把细菌杀死。

第三道程序是收坛。在达到蒸煮这一程序目标之后，打开盖子，连甑一起抬到房间里面去，这个房间就是黄岗村民冬天的烤火房。这时候，把准备好的酒曲和糯米进行搅拌（据村民说每10斤糯米配一包酒曲），保证糯米和酒曲完全融合。在搅拌的过程当中都是一个人，禁止多人搅拌，因为人多，细菌就多，而且还要保持安静。搅拌期间，还可以适当加水，水都是从泉眼处取的纯净水，细菌少，能够使糯米和酒曲完全融合在一起。

第四道程序就是发酵。发酵的环境一定要绝对密封。黄岗村民不酿则已，一酿就是几十斤甚至上百斤。因为酿得越多就越有稳定的温度，就好像一杯开水，过一会儿就冷了，而一吨开水则要很长时间才能够冷下来。它一定要保证很大的体积，因为发酵一定要保持温度，所有的酒化酶和糖化酶，最佳的温度是在28摄氏度左右。它自己会发热，但是如果周围的温度太高或是太低对它都不利，所以把它放在烤火房里。因为黄岗村民冬天取暖，为了防止热散失，烤火房里面都是密封的，密封的时候它的温度非常稳定。一般外面的温度如果有27摄氏度的话，房间里面的温度只有20摄氏度上下。因为罐子比较大，在发酵过程中，它自己发热和它的热散失相对平衡，因此仍然保持在28摄氏度左右。鉴定发酵完毕的指标有四个方面。其一是在打开盖子的时候，你可以看到有气泡冒出来。其二是糯米都浮上来了，而且是悬空的，用筷子去搅拌，糯米可以随着筷子转动而转动。其三是糯米的颜色也比先前的要浅，并且糯米上会长出绿色或是黄色的毛。其四是用嘴巴去尝，你可以感觉到有甜甜的味道。发酵好了，不可以马上就拿去蒸馏，还需要藏一段时间。

第五道的程序是熟化。熟化即后发酵程序。也就是说，发酵完之后，就要用水稀释一下。因为糖含量很高，对细菌的生长很不利。稀释以后让它做第二次发酵，要熟化到甜味很淡而酒味很浓了，熟化程序就完成了。

第六道程序是蒸馏。把发酵好的原料放把酿酒器里面去，前后一共换四次水。前两次换水的时间相隔40分钟，后两次换水时间相隔是15分钟，整个的酿酒总共花时2个小时。换第一次水的时候一般是不接酒的，因为第一次出来的酒会带着水一起流出来，先出来的反而是水。所以等到第二次换水的时候，等到酒气把水排干了，这个时候才开始接酒。接酒就是在酿酒器的旁边放上一个酒壶，酒壶的壶口对准接酒管，让酒沿着接酒管慢慢流到酒壶里面去。酒酿出来之后，要放在避光并且阴凉处保存。

第七道程序是窖藏。刚刚酿制出来的酒不能够马上饮用，因为酒是非常烫的。所以，黄岗村民往往把刚酿出来的酒放到烤火房进行冷却，放上一到两个月之后，就可以正常饮用了。完成了这七道酿酒工艺，香甜纯正的糯米酒就算酿制成功了。

此外，还有侗族的酒曲。侗族酒曲多是自制，将几种植物叶捣碎，与糯米粉、酒曲粉和少许糖精搅拌在一起，待发酵后，捏成鸡蛋大的圆团，压扁，晒干即可。

二、药用酒的制作方法

药酒制作法，古人早有论述，如《素问》中有"上古圣人作汤液醪醴""邪气时至、服之万全"的论述，这是药酒治病的较早记载。东汉张仲景的《金匮要略》中收载的红蓝花酒、麻黄醇酒汤所采取的煮服方法类似于现代的热浸法。唐代孙思邈的《备急千金要方》则较全面地论述了药酒的制法、服法："凡合酒，皆薄切药，以绢袋盛药内酒中，密封头，春夏四五日，秋冬七八日，皆以味足为度，去渣服酒，……大诸冬宜服酒、至立春宜停。"又如《本草纲目》记载烧酒的制作即用蒸馏法："用浓酒和糟入甑，蒸汽令上，用器承取露滴，凡酸之酒，皆可烧酒，和曲酿瓮中七日，以甑蒸取，其清如水，味极浓烈，盖酒露也。"此种操作方法即与现代基本相同。

此外，还对冷浸法加药酿制及传统热浸法等制作药酒的方法及操作要法，均作了比较详细的说明。根据历代的医药文献记载，古人的药酒与现代药酒具有不同的特点，一是古代药酒多以酿制酒的药酒为主，亦有冷浸法、热浸法；二是基质酒多以黄酒为主，但黄酒酒性较白酒缓和。现代药酒，则多以白酒为溶媒，酒精含量一般在50%—60%，少数品种仍用黄酒制作，酒精含量在30%—50%，制作方法为浸提法，很少有用酿造的。

药酒是一种浸出制剂，即干燥的植物药材或食物。由于其组织细胞萎缩，细胞液中的各种成分以结晶或无定形沉淀的方式存在于细胞中，为浸出其有效成分需要作为溶媒的酒液浸润药材并进入细胞之中，继之发挥乙醇良好的解析作用，溶解其可溶性成分，使之转入溶媒之中。溶媒在细胞内溶解了很多物质后，使细胞内溶液浓度显著高于细胞外而形成浓度差。正是靠这种浓度差，使细胞内的高浓度浸出液不断向低浓度方向的细胞外扩散，同时稀溶液又不断进入药材细胞内，这样就使药物中的可溶性成分逐渐溶于酒中。为了提高浸出效率，可以采取适度粉碎药物、提高浸出温度、掌握适宜的浸出时间、扩大浓度差等方法。

药酒有冷浸法、热浸法、煎膏兑酒法、淬酒法、酿酒法等多种制作方法。

1. 药酒冷浸法

将药物适当切制或粉碎，置于瓦坛或其他适宜容器中，按照处方加入适量的白酒（或黄酒）密封浸泡（经常搅拌或振荡）一定时间后，取上清液，并将药渣压榨，压榨液与上清液合并，静置过滤即得。

2. 药酒热浸法

将药物切碎（或捣为粗末），置于适宜容器内，按配方规定加入适量白酒，封闭容器，隔水加热至沸时取出，继续浸泡至规定时间，取上清液，并将药渣压出余液，合并、静置、沉淀、过滤即得。或在适宜容器内注入适量白酒，将粉碎适度的药物用纱布袋装好，置于酒中，封闭容器，然后在水浴上保持一定温度浸渍，取液同上法。

3. 药酒酿制法

即将药物直接加入米谷、高粱、酒曲中蒸煮发酵成酒。

4. 药酒酿酒法

先将中药材加水煎熬，过滤去渣后，浓缩成药片。有些药物也可直接压榨取汁，再将糯米煮成饭，然后将药汁、糯米饭和酒曲拌匀，置于干净的容器中，加盖密封，置保温处10天左右，应尽量减少与空气的接触，且保持一定的温度，发酵后滤渣即成。

5. 药酒分类

药酒的种类繁多，分类方法也很多，通常有以下几种分类：药酒标准分类可分为药准字号药酒和保健酒。保健酒中又包括食健字号酒、露酒、食加准字号酒等。药准字号药酒是指已获得国家或地方卫生行政主管部门批准文号的药酒，它具有药物的基本特征，以治病救人为目的，有明确的适应征、禁忌征、限量、限期，且必须在医生监督下使用。药酒是中药的一种剂型，又称为酒剂。它的溶媒含有乙醇，而蛋白质、黏液质、树胶等成分都不溶于乙醇，故杂质较少，澄清度较好，长期贮存不易染菌变质。中医一般把药酒分为以下4类。

第一类是滋补类药酒，用于气血双亏、脾气虚弱、肝肾阴虚、神经衰弱者。此类药酒主要由黄芪、人参、鹿茸等制成。著名的药方有五味子药酒、八珍酒、十全大补酒、人参酒、枸杞酒等。

第二类是活血化瘀类药酒，用于风寒、中风后遗症患者。药方有国公酒、冯了性酒等。用于骨肌损伤者，方剂可以用跌打损伤酒等；有月经病的患者，可以用调经酒、当归酒等。

第三类是抗风湿类药酒，用于风湿病患者。著名的药方有风湿药酒、追风药酒、风湿性骨病酒、五加皮酒等。其中症状较轻者可选用药性温和的木瓜酒、养血愈风酒等；如果已经患风湿多年，可选用药性较猛的蟒蛇酒、三蛇酒、五蛇酒等。

第四类是壮阳类药酒，用于肾阳虚、勃起功能障碍者。此类药酒主要由枸杞、三鞭等制成。著名的方剂有多鞭壮阳酒、淫羊藿酒、青松龄酒、羊羔补酒、龟龄集酒、参茸酒、海狗肾酒等。

据陆科闵著的《侗族医学》一书记载：侗族药用酒的泡制方法是将配方药物备齐，切片称量后，加入高度白酒，5—7天后，作内服或外用。侗药以酒提取的方法使用比较普遍，用55%的白酒浸泡提取药物有效成分比较科学，能溶于水并溶于乙醇的有效成分都能提取出来。侗家药酒对腰肌劳损、风湿麻木、补肾壮阳有一定的疗效，泡药的米酒浓度越高，药效越佳。例如，侗家奇液就是很出名的药酒。

第五章　侗族的酒礼酒规酒俗

一、无酒不成礼仪

酒在各族人民的生活中可谓无处不有、无处不在，并且在长期的社会发展中，形成了各具特色的制酒、饮酒、酒俗、酒歌、酒礼等一系列丰富多彩的酒文化。侗族酒文化则是侗族人民在社会活动中，创造出来的独特、优秀的民族文化成果。

在侗乡，接人待客，非酒莫属，"无酒不成礼仪""无酒不成席"，这是天经地义的老古礼。侗家不仅爱酒，而且酒规酒礼繁多。

在侗家人的心目中，糯米饭最香，甜米酒最醇，腌酸菜最可口，叶子烟最提神，酒歌最好听，席上最欢腾。可见，酒丰富了侗族人民的生活。侗族同胞喜欢喝酒，劳作之后，日常生活中都要喝上几杯，以达到强身健体、消除疲劳的目的。来客和喜庆节日更是离不开酒，常常通过畅饮高歌来表达深厚情谊。20世纪80年代以前，凡去亲戚朋友家"做好事"（办酒）都要挑米担酒相贺，米多寡不论，酒一般是一坛或两坛（每坛约5—10公斤），至亲好友多达15—25公斤。酒中日月，醉里乾坤。侗家人饮酒时非常讲究酒礼酒规，酒礼渗透到宗教祭典、人生礼仪以及社会生活的各个方面。

二、远古的遗风

从一个人懂不懂酒规便可看出他懂不懂得酒礼。侗族对酒礼有许多不成文的规定，诸如酒席座次、斟酒人选、酒令、起歌和猜拳的吉利词的确定等等都有各种各样的规矩和礼俗。必须按照客人的身份、年龄的大小、辈分的高低来决定座次。在堂屋喝"正席酒"时，长辈和尊贵的客人坐靠近神龛的"上席位"，主人和晚辈坐"下席"及两厢，并且必须主动双手提着"酒海"（即一种土烧的陶瓷酒壶）给客人酌酒，以示礼貌。在火铺上吃饭时，老人和长辈坐里边背靠板壁面朝火塘的位置。《礼记·乡饮酒义》记载：

"乡饮酒之礼，六十者坐，五十者立侍以听政役，所以别尊长也；六十者三豆，七十者四豆，八十者五豆，九十者六豆，所以明养老也。"《礼记·曲礼上》："侍饮于长者，酒进则起，拜受于尊所。长者辞，少者反席而饮。长者举未釂，少者不敢饮。"时至今日，侗族地区仍保留着这种远古的中原酒文化遗风。此外，还因旧社会男女不平等，妇女地位低下，还有着妇女和小孩不许上火铺陪客人一起吃饭的规矩。

三、酒俗的分类

在侗乡有贵宾来家，主人要备拦路酒、进门酒、宴会酒、敬客酒、对歌酒、猜拳酒、送客酒和出门酒。侗族酒俗，若按照人生礼仪事项，可分为"问话酒""插毛香酒""送猪头酒""过礼酒""讨八字酒""预报佳期酒""商量过大礼酒""嫁女酒""高章酒""后生吃粑酒""分离酒""结婚酒""接骆毛酒""吃六合酒""吃夜筵酒""酿海酒""卡舅公酒""谢媒酒""三朝酒""满月酒""周岁酒""祝寿酒"和"葬礼酒"等；按照生产生活划分，则有"合拢酒""拦路酒""转转酒""老庚酒""立新屋酒""上梁酒""进新屋酒""迁居酒""开大门酒""过房（分崽）酒""龙灯酒""走亲酒""分家酒""誓愿酒""感谢酒""谢师酒""上门谢师酒""屋山头酒""团圆酒""送别酒""毕业酒""高升酒""平伙酒""陪客酒""认娘屋的酒""寄妈酒""姊妹酒""姑娘酒""后生酒""劝诫酒""赔礼酒""和面酒""调解酒""诉理酒""议事酒""日常酒""挂青（扫墓）酒""安碑酒""晒谱酒"等；若以民族节日分，则有"春节""社节""清明节""端午节""七月半""中秋节""重阳节""侗年""萨玛节""吃新节""斗牛节""歌会节""千三祭祖节""播种节""四月八牛王节""立夏节""栽秧节""林王节""姑姑节""黎平古帮芦笙节""从江洛香芦笙节""黄岗侗寨祭天节""三龙侗歌节""黎平鱼冻节（甲戌节）""牯脏节""瑶白摆古节"等。

四、酒席上的礼仪

侗家在酒宴场合非常讲礼貌，开始举杯要互相邀请，哪怕是山珍海味、美酒佳肴，往往都得谦恭地说："对不起，太简慢了。"客人则以"你家爱好""主东仁义"之语赞赏主人。饮酒之前，要倒少许酒祭天地，用以表示饮水思源，不忘祖宗和地脉龙神，然后右手沾抹前额，调适血脉体温以保持头脑清醒。

酒桌上的礼仪，各地有各地的风俗，侗族大部分地区的酒席上的礼仪是这样的。

祝酒——这是酒席上的第一项礼仪。不管是逢年过节、男婚女嫁、生男育女、生日寿辰、起房造屋、开工竣礼、亲朋欢聚等等什么样的酒席，都要进行这"第一项节目"。首先祝酒的人，一般是德高望重、善于歌辞的老人或主家长者。他举起酒碗，目光祥和地扫视众人一眼，即席祝辞或唱歌。不管是说是唱，其内容大致是对宾客光临的热烈欢迎，或盛赞满桌的美酒佳肴，或恭祝大家亲善友好、吉祥康乐等等。祝毕，席上众人互相道贺致意，然后脖子一仰，一饮而尽。这第一次的酒都要酒干亮底，不能剩余，因为侗家人相信"酒干财发"，而且一剩余，就是"滴酒罚三杯"喝干后，相互亮出酒具底子，一是向对方邻座表示谢意，二是请对方检查过关。

敬酒——这是酒席上的第二项礼仪。它一般有两种形式：一是席中的后辈向长辈敬酒；二是席旁的后生、媳妇、小孩向席中的长辈敬酒。但不管是哪种形式，只要席中有舅父，晚辈都先向舅父敬酒，再向其他长辈敬酒，最后再向父母敬酒。这酒礼的意义表示"舅大娘亲"，尊敬老人和不忘父母的养育之恩。敬酒时，晚辈要双手举碗送到长辈面前，说些请他指教和对自己的差错不要记挂心中，最后祝他德高寿长之类的话。长辈也要以礼相待，说一些勉励嘉奖、希望包容父母老人、勤俭持家、教养后代的金玉良言。还有的地方有帮敬酒的习惯，叫撑杯酒，是侗家宴席上较热闹动人的场面。这种习惯体现了主客之间主帮主、客帮客、客帮主、互相帮助的精神。在敬酒中，无论是主人向任何一位客人敬酒，还是客人向主方的任何一位亲戚敬酒，主客双方少则一人、两人，多则十人、八人，总之人数不限，都要来帮助自己一方向对方敬酒。帮敬的人叫帮撑，又叫撑酒。如果形成撑酒的局面，主客双方的发起人，先不能喝对方的敬酒，而要先喝对方的撑酒，撑酒喝完，再喝敬酒。主客双方的发起人对撑酒不能拒绝，拒绝就是对撑酒者的不尊。对于不胜酒力者，如果有十人、八人过来撑酒，哪怕是对撑酒每杯舔一点点，也是表示对撑酒者的敬意，否则就会被灌得酩酊大醉。

换酒——这是酒席上的第三项礼仪。如果说以上两项礼仪都是酒席上的严格礼规，则这一项礼仪却是自由活动了。换酒是形式多样，自由组合，可以一主约一宾，也可以一主约几宾、一宾对几主。换酒时是主动者"先饮为敬"，接着受邀者反为主动，转请一杯。侗家叫这是"好事成双""来龙转虎"。换酒时你来我往、手臂交错，笑语满堂，气氛热烈，友谊倍增，相互间都是说一些追叙旧谊、加强团结、互相帮助或互表歉意、自我批评的话。可以说，换酒的双臂架起了融合、互谅、团结、友谊、和谐的人际桥梁。在侗乡有的地方也盛行交杯酒，是宴席上主客之间感情交流进一步加深的一种敬酒形式。交杯酒有三种形式：第一种是二人各持一杯，相互同时递到对方嘴边，并同时饮下；第二种是主客各自举杯与对方持杯的手臂相勾，再将自己手中的酒同时饮下。这两种多是主人对客人敬酒时所行的酒俗，取交杯即"交情""交心"之意。第三种是在集体的酒宴中，众人围坐，各持一碗同时顺同一方向举起至相邻客人嘴边，再同时饮尽，此俗取心心相印、肝胆相照之意。

划拳——这是酒席上的第四项礼仪。侗族人喜好划拳，以助酒兴。一般来说，都是主邀宾划，首先由年老的主对年长的宾，再到平辈和晚辈。如有舅父，则先由主对舅划。划拳前要先议拳规，如划拳的顺序方向，出拳指法、什么情况下该喝双杯、交拳接拳等等。议好后即"一发如雷"，声震屋宇。划拳是一种智斗，拳术高者，捷报频传，横扫众手如卷席。拳术差者，连连数杯，甚至酩酊大醉，引起哄堂大笑。为了共同行乐，醉者可享受热情的主妇送来的酸菜、酸豆、酸萝卜、酸蕌头或茶水等以解酒。

唱酒歌——这是酒席上的第五项礼仪。这样的顺序只是为了叙述的方便，有时是先唱歌后划拳，或边唱歌边划拳，边划拳边唱歌。古人在论及诗歌时说："情动于衷而形于言，言之不足故嗟叹之，嗟叹之不足故咏歌之，咏歌之不足，不知手之舞之，足之蹈之也。"可以认为，整个酒席的过程就是侗家人感情在发展、变化的一个过程，这恐怕是侗家人表达感情的古老方式。侗乡是"诗的海洋，歌的故乡"，这表现在酒席上的歌可谓应有尽有，随兴成歌。和上面喝酒主引宾随相反，酒席上唱歌一般是宾为主先，以表示宾客对主人宴席的盛赞、富贵的恭贺、情意的感激等。接着是主人答歌，以示简慢客人、感谢光临，务请多喝几杯、多坐几时等等。酒席上的歌是因时、因地、因事而异，难求千篇一律，可以是赞席歌、邀客歌、简慢歌、贺老人歌、贺晚辈歌、谢帮忙歌、婚嫁歌、祝寿歌、建房歌、新居歌、三朝歌、周岁歌、留客歌、送客歌等等。唱歌时，一般是一人带头（往往是歌师）、众人和歌，汇集成真正名副其实的歌的海洋。

团圆酒——这是酒席上的最后一项礼仪。通过上面的酒仪程序，主宾众人都已尽兴得乐，酒足意畅，眼看就要散席了，为了加强联系、增进团结和善始善终，这时候，主人往往要站起来，手举酒碗，激情慷慨，提议全席共饮团圆酒。众人无不响应举起酒碗，纷纷站起，大家按"左团圆"的顺序递碗接碗，环成圆形，然后一饮而尽；接着又按"右团圆"的顺序，环成圆形递碗接碗，一饮而尽。这表示大家以后亲密无间，融成一体，团结协作，去迎接人生旅途的新生活。

五、"酒四"常规酒

在侗乡一些地方有"酒四"的酒俗，这是侗家待客的常规酒。常规酒是客人无论如何也不能推迟和躲避的。有道是："一杯一定高兴，二杯双脚进门，三杯通大道，四杯见光明。"这四杯酒，哪一杯不喝都不行，哪一盏不饮都不行。

侗家人喜欢喝酒，以喝酒豪爽海量最受佩服。之所以以酒待客，是因为侗家人认为"无酒不成礼仪"，有酒才足以表达对客人的尊敬。其实是"有酒有话，无酒打呵（à）诧""羊子是狗撵出来的，话是酒撵出来的"。侗家人平时厚道少话，一旦喝了酒，话匣子也就打开了，各种各样的礼仪规矩就来了。比如，客人不胜酒力，不想喝酒了，主人就又说又唱，用各种礼仪规矩来框客人；而客人一般不好违背主人的规矩，因而最后还得硬着头皮将酒喝下去。比如，主人劝客人再喝酒，客人只能说："我已经喝高了，不能再喝了。"若客人说"不要了"，主人必会认为是看不起他。客人要承认自己说错了话，主人就罚酒三杯，这是规矩。这时客人也只好豁出去，喝了酒才算得到主人的原谅。又比如，客人不想喝酒，自己装饭来吃。主人必说"见饭三杯酒"，这也是规矩，客人也只能喝了酒才能得到允许吃饭。再比如，主人给客人斟酒，而客人为了不让主人斟酒，将酒杯倒扣在桌上，这就真的有点犯了忌，因为只有驱鬼时才这样做。要得到主人原谅，客人必须喝酒三杯以表歉意……这些酒席上的规矩禁忌颇多，客人一旦违忌，必喝罚酒。最后，如果客人醉了，主人最为得意，会像侍候皇上一样小心地侍候。其实，大多的所谓规矩，只不过是变着法子让客人喝酒罢了。即使客人不小心违了忌，犯了规，主人一般是不会计较的。当然，这类劝酒并不在"酒四"之内。

六、饮酒的忌讳

侗族酒礼规定，不能用喝过和喝剩的酒去敬人和劝人。猜拳行令，输家喝酒，但是有两种禁忌：一是禁出"错指"，二是禁喊"错令"。"错指"的禁忌有四种：一是严禁食指和中指一起出，这种手势是暗喻要抠对方的眼睛；二是严禁只出食指，此为数落对方过错的手势；三是禁出中指，喻用枪瞄准对方；四是禁出小指，意为藐视对方。错"令"是指不礼貌、不文明的语言，如下一辈与上一辈猜拳，双方各出一指，其数是"二"，但是不能喊"弟兄好"，怎么喊呢？通常是喊"二度梅"。又如结婚时出一个指，可以喊"一心敬"和"一点状元"，而不能喊"独一个""打单身"之类的酒令。

不遵守酒规，犯忌后，除了老实承认错误、向对方赔礼道歉外，同时还要接受"罚酒"。具体有以下几种形式：对老人、长辈失敬者罚；无故退席避酒者罚；唱歌猜拳不文明礼貌者罚；不按时赴宴者罚。这些情况下，一般只罚一杯酒，只有不按时赴宴者罚三杯，所谓"后来三杯"。

侗族酒文化中有许多谦虚和忌讳的表达语言。为了劝客人尽兴并多饮，主人往往要说些自谦的话，比如说自己是"舍命陪君子""这酒烤得长，味淡，耐烦慢慢喝"或说"借来的兵（酒）打不得仗"——意思是说酒不多，不会让客人喝醉。客人则以"喝不干的洞庭湖"比喻主人丰衣足食、佳酿应有尽有；以"淡酒多杯也醉人""劝客饮酒，莫让客醉"为由推脱自己不能再喝了；或以"借花献佛"以主人的酒回敬主人。主人哪肯放过，于是又滔滔不绝地说出一连串的劝酒话，如"一只脚不能走路，双脚走路，双手拿财才行""酒醉酒解""伸手容易缩手难""酒从宽处乐""敬酒是情，领酒是意"，总之，要客人尽兴地喝，主人才高兴。

第六章　人生礼仪中的酒俗

侗族酒俗，若按照人生礼仪事项，可分为"问话酒""插毛香酒""送猪头酒""过礼酒""讨八字酒""预报佳期酒""商量过大礼酒""嫁女酒""高章酒""后生吃粑酒""分离酒""结婚酒""接骆毛酒""吃六合酒""吃夜筵酒""酿海酒""卡舅公酒""谢媒酒""三朝酒""满月酒""周岁酒""祝寿酒""葬礼酒"等。

一、婚嫁酒俗

1.问话酒

问话是结亲的第一步，即男家邀伴携带礼物到看中的女家试探一下，看女方肯不肯。作为主人，也要请族人来陪客，一般只歇一夜，酒席就是在当天晚上。酒席上，男方要唱问话歌，几巡酒后歌声便起。客人唱的，如："你家门前花一蔸，一朝得见心想谋，不晓姻缘就不就，大胆来向贵府求。"主人有肯的，有不肯的。若肯，唱的歌就没谢绝的意思，如："昨夜三更得一梦，梦见鱼塘现匹龙，只想今朝涨大水，哪想燕子进茅棚。"若不肯，就用歌来婉言谢绝，如："门前有花还没香，不晓姻缘落哪方，时候不到雷不响，还没讲到那一行。"但也有先表示推谢，后才同意的，这就需要问话的人老行，善于见子打子。

2.插毛香酒

插毛香是结亲在问话基础上的更进一步。男家问话时得到了女家的同意，以后邀约一两个族人或亲友有意地去女家走一次，这要带几斤肉菜、酒和一些糖为礼物，同时要走她至亲的家族，因而主人要请至亲的族人和寨邻来陪客喝酒。插毛香的歌要比问话歌更进了一步，如客人唱："天上才有日月星，你家才有女千金，一心想谋千金女，贱脚又进贵府门。"主人则要唱"寒家的女生得呆，外不美貌内无才，贵府不嫌来抬爱，万两黄金买不来。"

3.送猪头酒

送猪头是结亲关键性的一步。通过问话、插毛香，得了女家的同意，就择吉日送猪头。例如贵州三穗县的款场，在七十多年前"送猪头"叫做"到报"。"到报"是杀猪请女家及其房族到家里来吃酒，设宴三天。后来才改为杀猪挑上女家去吃，并将猪的头和尾保全完好，拿去敬祭女家的祖先。"送猪头"的名称可能就是这样来的。近代已改成只挑肉和酒等礼物去，不拿猪头了，但名称一直未改。过去送猪头，要八十斤以上的肉、两缸酒、几套衣料等，要放炮进屋。至于族间，女家要去多少家就去多少家，一般是一家两斤肉、一包糖。主人（女家）要设宴请房族、亲友、寨邻来吃酒。房族也要设席招待，有一家一席的，还有几家合办一席的。作为送猪头的人，至少要歇两晚。酒宴常是通宵达旦，当然唱歌也要通宵达旦了。这时的歌完全是"亲家"歌，客人唱的如："雀鸟做窝选好树，好花当阳人人褒，今朝得走这条路，天从人愿真有福。"主人唱的如："栽花只望花定根，栽树只望树成林，四面围墙关拦紧，任它风吹大雨淋。"结亲走到了这一步，家族、亲友、社会都公认了，不能反悔了，所以说是关键性的一步。

4.过礼酒

过礼又叫过财礼。过礼，一般要在女家歇一夜。送猪头后，到了一定时间，男家要和女家商量如何过财礼。这时，女家按礼规在财物上向男家提要求。双方商量妥之后，男方找人给女方家挑米挑肉抬酒，送糯米粑，下聘礼，放鞭炮……在送彩礼之前，大米、猪肉、各式糖果等填满了竹编的箩筐，几十只箩筐在堂屋中一字排开，每筐彩礼上和扁担上均粘上红纸表示喜庆。到了吉时，男方一行男子挑着扁担、排着齐整的队伍浩浩荡荡向女方家行进。帮忙挑担的男子有时多达二三十人，场面蔚为壮观。礼物大约是四斗米、两斗糯米粑，肉酒足够请房族人、母舅、姑姑等人的数量，聘礼则根据双方家庭条件而定。女方家长事先通知房族人、母舅、姑姑等人来吃过礼酒，这叫过财礼。这时在席间唱的歌叫过礼歌，客人唱的内容："是按礼规钱财不只要这点，只因家下贫寒，又得亲戚照顾，今天一切从简，想来实在羞愧得很。"主人则唱："结亲本来结义气，苛派亲戚要海涵。"

5.讨八字酒

讨八字，就是男家拿一桌酒菜的礼物到女家去乞求姑娘的年庚八字。女家要招待一席，要请至亲的房族来陪客。讨八字，要带鸾书、两锭新墨、两

提篮过礼

支新毛笔，硬是要讨，要乞求，有的还要带个年轻的小伙子去下跪。这样，从求家说才严肃，从女家说才贵气。讨八字的歌，先是乞求，如："我像猴子手脚糯，扳住梭罗紧紧拖，红纸鸾书已摺妥，要求八字上六合。"主人一般要以推迟的歌来作答，要客方反复乞求，他才表示答应。但姑娘的家长用笔开年庚八字是在酒后，不是在席间。酒后还要乞求，不乞求，主人装着忘记、没事，要下跪也就是在这个时候。姑娘的家长用新笔新墨写好年庚八字后，用双手递给求者，同时封赠"百年好合"等吉利话，接的人，用双手接过来，同时讲"谢主隆恩"等多谢的话，还用歌感谢。

6.预报佳期酒

　　预报佳期，是男方得了姑娘的八字，然后请算命先生拿男女双方八字来排，择定结婚日子（佳期）。佳期择定后，要向女家报告。男方邀人携带礼物和《预报佳期》的红书本去女家报告选好了的日子，这叫"预报佳期"。主人接待，一般是一席酒或两席。预报佳期也有专门的歌，客人唱的，如："双方八字很相当，今朝预报给爹娘，先生推算都夸奖，佳偶天成幸福长。"主人唱的，如："承蒙亲戚报佳期，佳期选定费了力，事到如今莫大意，层层步步紧紧为。"

7. 商量过大礼酒

这是男方拿一定的酒菜邀伴去女家商量接女过门时应该拿多少东西、应当怎样去接的一步礼规。过大礼，原为贵州黔东南三穗、天柱、剑河三县毗连地区侗族订婚过程中的一大步骤，解放后，已逐渐取消，合并到接女过门那一步中去了。以前这一步礼存在的时候，要过了大礼才去接女过门，去接女过门时，就只要拿高章酒菜去接女（包括抬嫁妆等）就行了，不需别的酒肉之类了。合并后，去接女就还要挑作为大礼的酒肉等礼物去。现在接女过门，一般是带去一百二十斤肉、两缸酒、高章（后面高章酒专门做介绍）酒菜、房族小礼等。主要在这一步，一般是设一席或两席招待。也有专门的歌唱，客人的歌如："亲戚关顾将就将，往来走得路面光，今天来把礼信讲，该讲的话莫包藏。"主人则常是巧妙地唱道："世间有样几多几，不必口头论高低，你是乖人懂得礼，你各想看怎么为。"这也和开八字一样，是要在酒后才能具体落实的。

8. 嫁女酒

嫁女时设宴招待亲友的喜酒叫嫁女酒。这在侗族地区原叫作"吃粑"。据说这名称是根据以前对每个贺客要打发一对粑的礼数而得的。嫁女的喜酒，当然讲究隆重，但只设一席，即对客人只招待一餐。一席过后，对留下来的远客和至亲当然要招待，但已不算正席。吃嫁女酒的歌很多，作为客人，主要是恭贺主人"今朝飞去一匹凤，明年添上一匹龙"，主人则唱简慢客人的歌和感谢恭贺的歌。这是就总的情况说的，其实嫁女中还有高章酒和后生吃粑的酒两种。

嫁女夜筵

9. 高章酒

高章酒是嫁女时接亲的人进了屋吃完晚饭，席后所设的较为特殊的酒席。特殊在什么地方呢？这席酒是要接亲的一方拿一至两桌酒菜去请客，而这里的客主要是女家寨邻中的青年男女们。吃高章是礼规，是一定要吃的，

吃高章

由接亲的一方准备，但是，到时候却要那些青年男女们来讲来唱，还要拉男关亲郎（接亲一方的男当事人），甚至要脱帽子、衣服去锅里炒，弄得大家都不亦乐乎之后，才"不得不"拿出来，非常有趣。嫁女一方若无人能讲、或扯得高章酒吃，要被讥笑为无能；关亲郎若能躲过高章酒或用讲和唱战胜对方而不出高章酒的，被称为好角色，并美名四扬。高章酒摆出来之后，便高高兴兴地饮酒唱歌了。高章歌有很多步骤，每个步骤都有很多歌。酒席要开到天刚亮、嫁姑娘出门时才结束。

10. 后生吃粑酒

嫁女的喜酒又叫吃粑酒。后生吃粑当然就是后生（男青年）吃嫁女的喜酒了。后生是谁呢？是出嫁姑娘平时玩山（谈恋爱）的后生。姑娘嫁时，她曾玩过山的后生取得她父母兄嫂同意之后，要来"吃粑"。后生来要邀请一伙（双数）后生带着一些打发嫁姑娘的礼物来，这"吃粑"实际上是来向姑娘告别。这"吃粑"酒是从天已断黑，后生唱歌进屋吃了甜酒和油茶、放了赠送的礼物后就开始，直到天将亮新姑娘出门走了，后生唱歌告辞出走才结束。后生吃粑的歌多层、多步、多种，从唱歌来说，实在是一场激烈的歌战。作为吃粑的后生，既要应付姑娘一方的歌，又要应付来自关亲郎的讥讽歌，实在是要有本事，唱歌的才能在这种场合算是得到了充分表现。

11. 分离酒

侗族姑娘在出嫁当晚临吉时出门之前要与全家老小吃分离酒。当晚是父母、哥嫂对新娘的嘱咐和祝福,新娘诉说作为女孩不能在家一辈子侍奉父母、无法报答养育之恩,并交待哥嫂、弟弟与弟媳要好好孝敬父母。这是出于眷恋亲人、难舍家园的一种古规,而这些对话都要父母、哥嫂、新娘通过唱歌来表达。如:

父母:石榴开花满山红,世间无水不朝东。
　　　小女出门结鸾凤,父母惟愿子成龙。

女儿:此时妹要离别行,与哥与嫂说一声。
　　　老人膝下多亲敬,一团和气喜盈盈。

哥嫂:小妹今日离家园,留下意情万万千。
　　　父母面前多挂念,永远记住妹良言。

12. 结婚酒

结婚酒是男的结婚时所设的喜宴,这也是很讲究、很隆重的筵席。这喜酒一般是设席三天三夜。吃结婚酒的歌也是很多的,就主客双方说,客人主要是恭贺鸾凤和鸣、白头偕老、家发人兴;主人则以谢歌作答,以简慢歌表示对不起客人。还有主人和皇客(送亲客)都要唱歌感谢舅公的木本水源。唱歌喝酒常常是通宵达旦,甚至两天两夜不下桌子。

相互敬酒致谢

13. 接"骆毛"酒

北侗地区在举行婚礼吃正席的当天，关亲客从新娘家抬嫁妆到新郎家后，吃过正席，便选出七个办事老成、能说会道的关亲客陪同新郎（郎崽）到新娘家回拜岳父岳母和接"骆毛"。

郎崽一行在女方家时，受到岳父岳母的隆重款待，女方家邀请家族有威望的族人或亲戚作陪。饭毕，岳父岳母重新在堂屋中间摆上一桌酒菜，由郎崽一行给新娘家安龙神、唱吉利歌"酿海"。唱吉利歌主要是祝贺女方家中飞去了一只凤，马上又招来一条龙，人口兴旺，富贵双全。喝完"酿海"过后，郎崽或关亲头就用歌来邀请岳父或岳母到堂屋中来，然后双手端杯给老人敬酒。《敬老人酒歌》如：

一杯酒来清又清，双手端杯敬老人。
老人领了这杯酒，老是得宽少得平。

老人在接酒的时刻，他们感动万分，心情悲伤地唱着：

我的郎崽真懂礼，双手端杯给我吃。
你家得媳真欢喜，看我怎下这盘棋。

接着郎崽很深切同情地唱着：

奉劝岳母莫悲哀，男婚女嫁自古来。
不是我今开的礼，切莫悲痛在心怀。

听到郎崽如此唱着，岳母眼泪盈眶地回唱：

父母盘女本辛苦，育女成人得劳碌。
酸甜苦辣我尝尽，我是辛苦你享福。

于是郎崽就安慰岳母唱道：

杜鹃开花满山红，扒船下江步步通。
你家飞去一只凤，明年招来一条龙。

岳母在郎崽真情的安慰下，喝下了这杯酒。

接下来，岳父岳母就给郎崽打发"骆毛"。"骆毛"寓意新郎新娘未来的娃娃，由女方家族中一位有好兆头的妇女打发给新郎。寓意着新郎新娘今后繁衍后代，发富发贵。"骆毛"是用葫芦做的，将一个小葫芦锯开，有藤蒂的一头，用三尺布包扎成婴儿摸样。岳母用一张新的床单包住，这叫"包袱"，里面包有送给新郎的衣服、鞋子、红包，红包也有送给所有关亲客的辛苦钱。

在打发"骆毛"时，这名好兆头的妇女要唱打发"骆毛"歌。如：

郎崽酿海转回城，亲妈打发你金银。
送你金银买田地，打发富贵两头平。

郎崽在接"骆毛"途中唱道：

承谢岳母情意深，送我金来送我银。
送我金银买田地，送我凌罗包麒麟。

郎崽双手接过"骆毛"，把"骆毛"抱起来，哄哄逗逗，惹得满堂男女老少大笑，然后调皮地唱道：

手接"骆毛"高兴多，
宝宝快来跟爸我。
今日跟爸回家去，
明年跟妈走阿婆。

郎崽边唱感谢歌边告辞出门，郎崽在辣嫂们的簇拥下，抱着"骆毛"高高兴兴地回家，此时，新娘的女伴们频频挥手相送……

14. 吃六合酒

侗族很多地区在吃结婚喜酒正席的当天要吃六合酒。吃六合酒寓

接骆毛酒

意着新郎新娘百年好合、永结同心、白头偕老。"吃六合"酒是非常讲究的，餐桌摆在堂屋神龛前方的位置，所用餐具都是新的，盛放这些餐具要用一个新的篮子。餐具专门由族中一名好兆头妇女摆放，桌上的菜要摆有一只道门先生用来辟邪的雄鸡，摆的菜尽是农村认为最好吃的东西，以显示他们地位的重要与尊贵。骨头不能吐在地上，要放在桌上，饭毕，由指定的妇女丢埋在鸡犬不能寻觅的地方。

六合酒

人数也是有讲究，要么是六人，要么是十二人，其中十二人的叫双六合，通常都是六人。来吃六合酒的人主要是护送新娘来的皇客、新郎的母舅、新郎的舅公、新郎家的族长、道门先生等。喜酒正席，先由吃六合酒的这桌开饭，其他六亲百客才能相继上席，喝酒划拳也由他们开始。吃六合酒也是有讲究的。第一杯酒时，大家先要把酒杯从左传到右，叫作左青龙，寓意青龙台头，先生个男崽；第二杯由右传左，寓意白虎盘居，先生男后生女；第三杯，举杯碰杯不传各自饮，寓意恭贺团团圆圆、瓜果绵绵、子孙昌茂。三杯过后，就到敬酒划拳。敬酒主要是敬皇客，答谢他护亲路上辛苦。敬酒时，先由族长代表新郎家唱答谢皇客歌，皇客也唱相关的皇客谦虚歌致谢。"吃六合"酒时间越长越好，一般到吃夜饭时方休。

15. 吃夜筵酒

侗族部分地区，吃喜酒正席的当天晚上要摆夜筵酒。

夜席是由多张八仙桌拼在一起、摆成长桌的酒席。桌上摆有丰盛的佳肴、美酒、水果、糖果、香烟。每一道佳肴上都盖有一朵莲花，桌中央盖有一朵大莲花,莲花由红纸剪成,四边用筷子架成格状,摆有羹匙、杯子。

来吃夜席的是皇客、舅公、母舅、姑婆、姑妈以及能说会唱的亲友、族人、六亲百客。入座前,主人要放鞭炮,用以表示开席了。入席就座时,主人要再三邀请,客人多次推辞。这时,主人便唱请客入座歌。如:

> 一个堂屋四个角,凤凰飞来难歇脚。
> 蛟龙莫嫌鱼塘小,请求贵宾来入桌。
> 凡是亲友都惊动,不分南北和西东。
> 爱唱的人都坐拢,大家唱个满堂红。

在主人热情的邀请下,客人们先后谦让入座。入座后,主人就谦虚地唱着:

> 桌子不稳地不平,桌子高上摆空心。
> 淡酒无菜多简慢,多多简慢贵客人。

接着,舅公唱道:

> 鸾凤和鸣大吉昌,今朝鸾凤配鸳鸯。
> 鸾凤鸳鸯成双对,良缘天定地久长。

结婚夜筵酒

为了把夜席气氛推向高潮，客人们唱"开莲花"歌，盘问莲花的来由。《莲花的根由歌》如下：

  问：席上好似红花庭，鲜花开得闹沉沉。
    我看又无鲜花树，问你花从何处生？

  答：厨官办菜本认真，各事繁忙不谨慎。
    端菜走过花树下，落朵鲜花盖盘心。

  问：鲜花落在盘中心，看来像假又像真。
    聪明莫送人识破，留来酒后弄别人。

  答：贵客莫讲弄别人，落花有心情意真。
    花是爱红人爱好，席上盖花迎贵宾。

把莲花的来历理清后，就开莲花。开莲花要用一双筷子拈起花，双手捧着放在神龛上，然后唱开莲花歌。揭盘子、筷子、杯子等上面的花要唱相关的歌。《揭盘子花歌》如：

  问：堂前摆下酒席台，一朵莲花盘内开。
    不见绿叶根子在，请问花开从何来？

  答：盘上开花闹热热，红花朵朵配绿叶。
    我是粗人没见过，请主开报才晓得。

    好花开在盘子上，叶茂根深满堂香。
    揭开放在神龛上，红花万代你家强。

把所有的莲花揭开过后，才来拆筷子、斟酒、吃菜。喝了几杯团圆酒后，又唱歌，主人多谢客人，于是主人唱谦虚歌，客人恭贺主人，多唱吉利歌。一般是喝一杯酒至少要唱一首歌，常常是这样唱到通宵才散席。

16. 酿海酒

侗族很多地区在举行婚礼的第三天，也是婚礼的最后一天时，新娘要转回家。女方家组织一批姨娘和姨妈来新郎家接新娘和皇客。主人设宴欢送客人，皇客则为主人酿海，安定龙神和祖先神位，恭贺主人合家康宁，满堂吉庆，家发人兴，早日生贵子、兰桂腾芳。

酿海时，要在堂屋摆上一张八仙桌，由一名好兆头的妇女摆桌上面的餐具，所用餐具必须是新的。通常在桌上摆六个大碗、六个酒杯、六双筷子、六把条羹以及六碗佳肴。首先由新娘从东方开始往所有的小杯子斟甜酒，斟完酒后，由一名皇客、伴娘和一两名姨娘或者姨妈先陪同回娘家，出门时，新娘要举一火把直到岔路口才把火把放在路口左上边。其余的姨娘和姨妈陪另一名皇客继续酿海。

皇客往那六个空大碗斟酒前，要去神龛前烧香烧钱纸，边烧边唱恭贺主人的歌。如：

> 贺一言来唱一声，恭贺主家宽了心。
> 三日好事今日满，双手端杯贺主人。
> 今日鸾凤团了圆，鸾凤和鸣乐心间。
> 我们真心来祝愿，富贵双全万万年。

唱完恭贺歌，就到安龙神，意思是三天好事惊动了各路的龙神。安龙神要向堂屋的四个角和堂屋中央烧香烧纸倒酒敬酒，这时要唱安龙神歌。如：

> 来是与你安香火，去是与你安龙神。
> 天地君亲师位正，五方龙神保安宁。
> 家仙龙神都安了，五龙归位闹沉沉。
> 恭贺你家龙脉好，发富发贵发子孙。

安好龙神后，皇客再唱借酒壶酒杯的歌。如：

酿海

借一样，快把金壶借一双。
快把金壶借送我，好拿金壶酿海塘。

金杯银壶你家有，千年佳酿你家出。
若是把壶借跟我，就酿四海水长流。

主人为了活跃酿海的氛围，此时要推辞借酒壶，于是主人唱推辞借壶歌。如：

客借玉壶主没有，主东没有玉酒壶。
今日与客说清楚，玉壶寒舍借不出。

于是皇客唱道：

你家有，你有金杯和金壶。
一心借宝来酿海，王侯将相你家出。

经过了一番歌战，皇客才开始往六个大碗酌白酒。也是从东方开始斟酒，斟一碗酒唱一组酿海歌。《酿海歌》如：

东方酿个青龙海，东方大海水茫茫；
酿满一碗黄金水，黄金百万你家强。

南方酿个赤龙海，南方海内水盈盈；
酿满一碗金银水，一碗黄金一碗银。

西方酿个黑龙海，西方海内水滔滔；
酿成一碗珍珠宝，珍珠涌进好逍遥。

北方酿个白龙海，北方海内水明明；
万宝同归你府上，发富发贵万年春。
中央酿起黄龙海，中央海水亮堂堂；
千江万河归海内，荣华富贵日月长。

酿完海后，皇客双手端杯唱歌敬主人。完毕，皇客谢主辞行，主人则拦门留客人。通常是关亲客排在大门两边，大门槛上放一把二人凳，并在凳上放一盆水拦住姨娘，意在为主再次留客。于是姨娘关亲客双方继续对歌，内容除普通的挽留、辞行歌词之外，还有如"留樊梨花保中华""徐庶辞新野"等很有乐趣的拦门古典歌组。若主家歌手有意赛歌则"拦门留客"，双方对唱歌词有请客酿海、揭莲花盖、酿海、辞行、留客、相送等歌组。主家若不拦门留客赛歌，则由皇客唱恭贺主酿海谢主、辞别等歌段。

17. 卡舅公酒

俗话说，"天上只有雷公大，地上只有舅公大"。为什么呢？舅公是木本水源，原来是要还源头（或叫还娘头）的，即当舅的有权要自己姐或妹的头一个姑娘做媳妇，可见舅权之大。解放后，这种舅权虽不存在了，但"卡舅公"的礼规仍然存在。卡，在侗语中是"修理、安顿"的意思。卡舅公就是要先把舅公安顿好，以免他再来找什么麻烦，同时也是表示不忘本源。那么，在什么情况下卡呢？凡不是送给舅公家做媳妇的姑娘出嫁之前都要卡舅公，每嫁一个要卡一次。是谁卡呢？姑娘送给谁家，就由谁家去卡。卡舅公要一只羊，一缸酒，其他礼物和钱不一定，还要放鞭炮。去卡的人，要歇一夜。吃这种酒，作为客人的歌，是唱不忘舅公的木本水源，以及祝舅公长寿幸福；作为主人，是唱感谢亲戚不忘古礼，并祝愿人发家发、越发越旺。

18. 谢媒酒

结亲常要媒人从中活动。婚事成了之后，男家要拿酒菜去谢媒人。谢礼一般是一桌酒菜。这里的菜，原来是一个九斤以上的猪头，后来有了改变，如今只要有相当的肉就行了。还要有一双新布鞋。礼物要用一根担子挑去，还要燃放鞭炮。媒人接了礼，就办酒席让双方痛饮。谢媒的要唱歌感谢媒人穿针引线，开路搭桥的恩情。媒人则唱，双方结婚本是天缘，媒人只是顺水推舟而已，并祝夫妻百年好合，家兴人旺。

二、"三朝"酒俗

侗族地区，一对男女青年通过玩山、行歌坐月等方式相爱结成夫妻，三五年后，他们的爱情就有了结晶。

婴儿一出生，主人就当日派人给岳父岳母报喜。若是生下一男孩，就带一只公鸡去报喜；如果是产下一女孩，就带一只母鸡去报喜。与此同时，也要给女方家至亲房族带些礼物报喜。得知好消息后，岳父岳母组织至亲房族带上甜酒、鸡、鸡蛋等营养品去看望女儿。在女儿坐月子的时候，至亲的要分别带鸡、猪脚、猪肚子等营养品要去看望多次。

婴儿一出生，谁先到这家，就是谁踩生。人们往往回避踩生。因而，知道某家有孕妇快生育了，就忌禁不走这家。生小孩的人家尽量保密，希望有人去踩生。传说，谁去踩生，今后这婴儿的性格就像踩生的人。

在坐月子时，产妇不能串门，不能回娘家。若有人向产妇家借东西，主人家则不借。

婴儿出生的第三日，人们要举办"三朝"酒。主人办酒席来款待前来祝贺的房族亲友。吃"三朝"酒寓意今后婴儿易养成人，若有灾难就会有贵人相助化险为夷。来吃"三朝"酒的人越多寓示越吉祥，一般有五桌至十多桌。

来吃"三朝"酒的人主要是外婆、舅妈以及主人的族人、亲戚。来吃"三朝"酒的人带些甜酒、米、鸡蛋、鸡等营养品作贺礼。婴儿的外婆带来的礼物很多，有婴儿所需的帽子、衣服、鞋子、袜子、背带等从头到脚的全副穿戴。

吃"三朝"酒时，由外婆或一位好兆头的妇女帮婴儿洗澡，洗澡时用一些利于婴儿免疫健康的草药。洗澡后，穿上人生第一套衣服。随后，由外婆或一位好兆头的妇女抱着婴儿到房前房后走一圈后进屋喂五谷杂粮，并象征性地尝鱼、鸡、肉佳肴。外婆还要说些吉利的话："今天三朝晨出门见了天地，宝宝长大得快，一生福禄……"

吃"三朝"酒的歌很多，作为阿婆，主要是唱外孙长命富贵、易养成人；来看或陪阿婆的客人，主要是唱阿婆、主人都有福份，祝贺"笋子必高过竹"。主人除以感谢歌答阿婆和客人的祝贺外，还要唱感谢阿婆木本水源、赞扬阿婆的礼物和表示简慢阿婆与客人的歌。侗族有"男人不打三朝，女人不看道场"的规矩。打三朝（吃三朝酒）是妇女们的事，男的不宜、也不便参加。若没有阿婆、舅妈，那么阿公或舅爹也有去打三朝的，但只是去吃酒而已，不能进产妇内房。

三、满月酒俗

侗族地区，婴儿出生满一个月时，要请客来吃满月酒。其实，侗家礼节，主人不请，亲友也要来祝贺，来吃满月酒的亲友多是妇女。仪式以一天为期，赴酒宴的人都带各种礼物，大部分是儿童穿戴的衣、帽、鞋、袜，也有封红包的。

满月酒

娘家去吃满月酒的人是成群结对一起去的,婆家要热情接待娘家来贺喜的客人,除吃白天的正席外,晚上还要摆夜筵款待。夜筵是很隆重的,入座的客主要有外婆、舅婆、姑婆、舅妈、姑妈等六亲百客。

夜筵上要唱歌。唱歌的主要内容是恭贺小孩健康成长,将来成为栋梁材。此外,主人要唱感谢外婆关心外孙的歌,随之,外婆也要唱谦虚歌作答。

主人放鞭炮后,就开夜筵了。开席前,主人要请外婆等贵客入座,此时要唱请客入座歌。如:

> 小小汤饼煮茶汤,惊动外婆和舅孃。
> 惊动王母离天上,惊动龙王出海塘。

> 洞庭湖内水滔滔,王母娘娘设蟠桃。
> 八洞神仙来入座,同庆汤饼得逍遥。

贵客入座后,主人唱谦虚歌和答谢外婆歌。外婆等贵客与主人一唱一答,就这样,大家高高兴兴唱歌通宵达旦。

四、周岁酒俗

周岁酒是小孩生下来满一周岁时所设的庆贺酒。吃"三朝"酒、满月酒是阿婆自己来，吃周岁酒是主人择定吉日后，通知阿婆来的。作为阿婆，仍要挑酒、衣服等礼物来；作为贺客，当然也要有贺礼。周岁歌是在"三朝"歌、满月歌的基础上针对男孩或女孩恭贺外，还要恭贺小孩前途远大，恭贺主人必享洪福。作为主人，照样要唱感谢歌和简慢歌。周岁酒一般是设席一天。

五、祝寿酒俗

祝寿是向老人庆贺生日。哪家有老人（一般六十岁以上），每年到他（她）生日这天都要备席迎接前来庆贺的亲友和寨邻。祝寿酒，除有女婿或别的亲友来放炮、挂匾、设席两天外，一般只设一席即贺客只吃一餐。但对于远客、至亲的老人常常是要留住一两晚才让走。吃祝寿酒，要唱祝寿歌。祝寿歌虽有祝男与祝女之分，但总的意思不外乎祝贺老人松柏长青、福如东海，称赞主人"家有老，是个宝"，有福份才有这样的老人。主人也要对客人唱感谢歌和简慢歌。

六、葬礼酒俗

丧葬礼是人结束一生后，由亲属、邻里、好友等进行哀悼、纪念的仪式，同时也是殓殡祭奠的仪式。丧葬礼饮酒主要指下葬出殡时宴请吊客和治丧人员的酒宴。但作为吊唁者，不能说是吃什么酒，要说成送礼，或说给某人（指死者）烧纸、送某人上坡。若死老人（凡有了崽或女的都包括在内），就要大开酒席。死老人出葬时来的客，有送小礼的，有上祭的。上祭的有猪祭、羊祭、糖祭。猪祭、羊祭中，又有单猪祭、双猪祭、单羊祭、双羊祭。其中，双猪双羊祭是最慷慨的了。凡上祭，都要送水礼，还有祭幛、放铁炮。若死少年和未生崽或女的青年，不仅没上祭的，客也少，主人的花费就要得少。死人是悲哀事，不唱歌，也没有哀歌。

第七章　生产生活中的酒俗

侗族酒俗，若按照生产生活划分，则有"合拢酒""拦路酒""转转酒""老庚酒""立新屋酒""上梁酒""进新屋酒""迁居酒""开大门酒""过房（分崽）酒""龙灯酒""走亲酒""分家酒""誓愿酒""感谢酒""谢师酒""上门谢师酒""屋山头酒""团圆酒""送别酒""毕业酒""高升酒""平伙酒""陪客酒""认娘屋的酒""寄妈酒""姊妹酒""姑娘酒""后生酒""劝诫酒""赔礼酒""和面酒""调解酒""诉理酒""议事酒""日常酒""挂青（扫墓）酒""安碑酒""晒谱酒"等。

一、合拢酒

合拢酒是侗家村寨或家族集体接待贵宾的一种最高规格的酒宴。一般是在村寨或家族举行盛大的庆典活动，邀请上级贵宾和四邻参加的庆典活动。村寨举办的合拢宴酒，一般在村寨的鼓楼里摆设，如果是家族举办，一般需要在比较宽敞的农户家的走廊里进行。酒席的摆设叫拉长桌，把八张或十张方桌连在一起摆成一条长线，有的用宽木板连成一块摆设。合拢宴酒的酒、饭、菜都是村寨、家族各家各户把自家最好的米酒或苦酒、最好的糯米饭或

长桌宴

糍粑，最好的腌肉、腌鱼、酸菜或小炒，用竹篮或箩筐挑来，凑到一块共同摆设的，可以说是百家酒、百家饭、百家菜。合拢宴酒的规模是根据来宾的人数确定的，一般要求宾主人数为一比一的对等比例。主方还要安排一批姑娘站立一旁，负责为来宾斟酒、敬酒、唱敬酒歌。规模大的上一二百人，小的也有几十人。合拢宴开始前，主人要在寨门外组织迎宾仪式，第一项，放礼炮（铁炮）奏笙歌；第二项，在寨门或屋门前设拦门酒；第三项，献上一碗侗家油茶。此套程序完毕方正式入席。合拢宴酒的座席安排一般是一宾一主间隔而坐，也可宾主面对面地坐。宾主坐定，宴席开始。先由主方村寨或家族中的头人代表致祝酒词，而后领头高呼"统统饮呀！"宾主随声附和"饮呀！"满桌举杯，一饮而尽，然后，宾主正式餐饮。席间，按侗家敬酒的程序相互敬酒，交流谈心，结识朋友，始而复返，喝到尽兴为止。敬酒姑娘两人一对或三人一群，手捧酒杯——向来宾敬酒，并边敬边唱敬（劝）酒歌。侗家姑娘那情景交融的唱词和圆滑的嗓音使得来宾飘飘欲仙，酒不醉人人自醉了。合拢宴结束后，主人在鼓楼门口列队用鞭炮送客，对贵宾一一过筛，即派七八名男女青年把贵宾一一抬起来，在空中抛几次，或者有的捉手，有的捉脚，将贵宾抬起在空中荡秋千，然后送贵宾上路回家。

二、拦路酒

客人进寨时，"拦路酒"是侗族人最有特色的迎宾仪式。侗家人在进入寨子的门楼边设置"路障"，挡住客人，饮酒对歌，你唱我答，其歌词诙谐逗趣，令人捧腹。唱好了、喝好了，再撤除障碍物，恭迎客人进门。需要特别说明的是，面对侗家人敬酒过来，是不能用手接的，只能把嘴凑上去让人家喂。如果用手接，那就是对人家的不尊重，那就是"敬酒不吃吃罚酒"，

拦路敬酒

就得将对方敬过来的酒全喝干。酒杯装的酒还好办，最怕的就是用牛角装的，一牛角就是一斤酒。

三、转转酒

侗族都有饮转转酒的习俗，转转酒包含着两种不同的内容和形式。一种是指饮酒时，大家围坐成一个圆圈，席上只有一碗酒，在座的顺一个方向将酒碗依次传饮，以示亲密无间，无所猜忌。另一种是指同一村寨，以家为单位，轮流邀请外来客人。

四、老庚酒

老庚，即两个异姓年龄相当、志同道合而互换信物结为兄弟或姊妹。结成后，互称老庚，还要吃老庚酒。老庚酒常常是各设一席，都要邀请寨邻和族间人参加。老庚酒多数只吃一般酒，有的却要吃血酒。血，指鸡血，将生鸡血掺入酒里两老庚同喝。吃老庚酒要唱结老庚的歌，歌的内容主要是承蒙不嫌和发誓生死相顾。若是吃血酒，那就更为庄重，除誓言歌还有誓言。作为陪贺的主要是唱两人结得相当，同心处世，前途无量。

五、立新屋酒

立新屋就是建新房子，立了新屋要设酒席庆贺。这有放炮挂红的贺客和一般的贺客。一般贺客送小礼（干礼）只吃一餐，放炮挂红的当然还有水礼（大礼），要歇一夜，第二天还要吃一餐。吃这种酒，贺客唱的歌是赞美屋基、新屋和祝贺主东万载兴隆。主人则唱歌感谢客人的金玉良言。

六、上梁酒

立新屋上中柱正梁（俗称宝梁或保梁）时，要按照先择定的吉时举行仪式。吉时一到就放炮，先由两个有妻有儿有女的男子汉将已做好的宝梁抬上屋顶安好，并用整张大红纸写好"紫薇高照"四个大字的长幅贴在宝梁的正中间，然后由掌墨师傅和另一个会讲吉利话的人先后从正面（安大门的一方）事先架好的长梯逐步（梯步）讲吉利话（全是韵文）上去，直到宝梁上。掌墨师傅到了宝梁上，要脚穿主人专做给他的新鞋（踩梁鞋）、手拿鲁班尺踩梁——在梁上来回讲吉利封赠主人。接着抛给主人先做好的宝梁粑，同时讲抛粑吉利封赠主人。然后摆出禳（敬）梁的猪肝等肉菜，斟酒禳梁。禳好之后，凡在梁上的人便在梁上饮酒划拳。每划一拳一定要先喊"万代兴隆"然后才出指猜指，以示庆贺。拿上去的酒喝完了，大家再封赠如"家发人兴""万载兴隆"之类的话方告结束。

七、进新屋酒

立了新屋要庆贺，前面已经提到过了。但立了新屋，主人还不一定马上进去住，所以还有进新屋的酒。进新屋是主人选好吉日进去生火、住下来的意思，这又有一番庆贺，其歌也是恭贺主人兴旺发达、百般顺遂。

八、迁居酒

迁居就是从甲地迁到乙地去居住。迁居有只搬原房子去的，有另起新屋的。搬原房子去的迁居酒与前面讲的进新屋的酒一样，另起新屋的与前面讲的立新屋的酒相同，其中也有上梁酒。是否还有进新屋的酒，要看主人怎么做了。因是迁居，若主人立了房子立刻就进去住，那就不再设进新屋的酒了。吃迁居酒的歌，主要是恭贺主人迁居大吉、兴旺发达。

九、开大门酒

开大门的时间有的是在新屋立起之后，就上大门，举行开门仪式，有的是住进去之后，另选吉日举行开门仪式。搬原房子的迁居，也有举行开大门仪式的。开大门的仪式颇为特殊，帮开大门的人要扮成某种角色。要扮成天上财帛星，身穿长衫，背个包袱，拿把雨伞。大门先关上，吉时一到，主人在内摆设香案，"财帛星"便在外面叫门。这时，主人在屋内用押韵的句子提问，如问你是什么人、从哪里来、怎样来、来做什么。"财帛星"就用韵句一一作答，说自己是天上财帛星，是从天上来的，旱路也走、水路也走，今天特地来帮贵府开财门。这样内问外答到一定程度了，主人就欢迎"财帛星"进门。"财帛星"双手把门推开，同时封赠"双手打开门两扇，一扇金来一扇银""两扇大门齐打开，金银财宝滚进来""开门百般顺遂，关门大吉大利"。紧接着就是收拾香案，设席饮酒唱歌。客方的歌是恭贺"门迎春夏秋冬福，户纳东西南北财"，主方则以感谢金言的歌作答。

十、过房（分崽）酒

没有男崽的人家，要从弟兄或房族中分一个来当崽。分崽过来叫做过房。分崽过来时，要设酒席庆贺，这叫过房酒。除家族要参加外，亲友也要来庆贺。这也有专门的歌，恭贺的是唱从此后继有人了，从此放心，祝贺家发人兴。主人则唱感谢房族关怀，感谢亲友祝贺。

十一、龙灯酒

龙灯酒也叫玩龙酒。玩龙的时间是在正月十五以前。玩龙一般是一个晚上玩一个寨子，玩到哪个寨子必须家家走到，龙到哪寨，那寨必须家家接龙。接龙是在堂屋设香案接，必须摆酒。这个摆酒，有的人家一摆就是十二碗。龙一进堂屋，主人就把大门关上，拿宝的一讲完吉利，主人（包括主方的许多人）就向龙客灌酒。这是辩不脱的，龙有海量，你喝不得酒怎么来玩龙呢？有的只进一家就醉垮了，这是龙灯酒之一。其次，玩完一个寨子过后，这个寨子要办宵夜酒招待，这是礼规。这个宵夜酒，是看龙客（跟着去玩的都算龙客）有多少，按户分下去，各户各办。无论你到哪家哪户，都是菜盛酒丰。正月间，除了年幼的龙客外，都非醉不可，这又是一种（或一

请龙

次）龙灯酒。龙是以海为家的，酒就是海水，龙喜欢海水，龙客哪有不爱酒的？吃不得酒，怎么来玩龙、当龙客？龙有海量嘛！这个龙灯酒的道理，你两头会讲也辩不赢，只好喝，不醉往哪里走！作为宵夜的龙灯酒，当然也有歌，龙客是唱黄龙扰过后家发人兴、人寿年丰；主人唱的是感谢黄龙恭贺的歌。

十二、走亲酒

走，是亲戚朋友互相往来的意思。俗话说，亲友要"走"才亲，这也就是"礼尚往来"。"走"，通常是有意的走访、拜望，当然也就少不了一定的礼物。这礼物没定规，正如常言说的一样："大小是个礼，长短是根棍。"作为主人来说，也都是"只怪人不到，哪怪礼不来"。由于这走亲不是因红白喜事去作客，所以主方设酒席也无定规，若请家族和寨邻来陪客，那就是相当讲究的了。酒席间的歌一般是唱礼尚往来，要常来常往，要永远友好下去。主人唱的常是客来难得、表示欢迎；唱家下贫寒、简慢客人，表示对不起等等。作为客人唱的常是表思念、表打扰、表多谢、表邀请、表永结等等。客人告辞时，主人常有回赠的礼物，常言道"一礼还一答"。若是亲友间成年妇女（有了小孩以后）的你往我来，那情意就更为缠绵了。

十三、分家酒

一个家要分，原因有多种，但主要是因弟兄长大成人了，要求分家。分家，有应分成几家、财产怎样分配、对老人怎样安置等问题要解决。这就需请家族中和地方上德高望重的人来评判，这就需摆酒席来共议以示严肃、庄重。待家分成之后，亲友们常常还要分别逐一庆贺。分家酒，客人唱的歌通常是祝贺从此家发人兴，世代富贵荣华。主人则唱感谢亲友的歌。

十四、誓愿酒

这是赌咒表决心的酒。一般有两种情况，一种是异姓结成兄弟后，要设席发誓表决心；一种是两人或一伙人（不论同姓、异姓）为了成就某事需要发誓表决心。无论哪一种，设席的费用都是大家平均负担。前一种通常都邀请各自的一些亲友参加，参加的亲友既能为他（她）们作证又能为他（她）们祝贺。后一种常要保密，故不随意邀人参加。席间要不要吃生鸡血酒，由兄弟双方或大家决定。其歌，主要是发誓表决心，表示共患难、同生死，决不背叛。参与者则唱祝愿歌。

十五、感谢酒

这是对帮忙做了某种好事的人表示感谢的酒席。被谢的人有一个的,有几个的。在这种酒席上,主人要针对实情唱感谢歌,客人则唱表示帮忙不到位的歌。客人不醉,主人是不会罢休的。

十六、谢师酒

1.在家谢师酒

这里的师,包括教师和各种技艺师傅。设酒席谢师是尊师、得艺不忘师的一种优良传统。谢师酒,主人要请德高望重的人来陪师。席间的歌,主人是唱感谢老师培养的恩德,祝愿老师健康长寿;作为老师则唱谦逊歌和赞扬主人家道根本、子女有出息,并祝学生鹏程万里。

2.上门谢师酒

前面讲的谢师酒是请师到家里面来吃酒。这里讲的上门谢师,是挑一桌酒菜和礼物到老师家里去表示感谢。这样的谢师,还常常要加上挂红放炮。除此之外,建了新屋,主人要谢掌墨师傅。掌墨师傅完工回家时,主人要派一或两个人送他回家。这样做的目的有两点:一是帮他挑工具,二是挑谢师礼登门酬谢。谢师礼有庆贺新屋落成时杀猪留下的一个猪头、适量的酒和那双踩梁鞋。凡上门谢师的都要接受老师或师傅的招待,没有不醉酒的。至于酒席上的歌,大体与前面讲的谢师酒中的歌一样,只是谢掌墨师的略有不同。谢掌墨师,还要唱赞美鲁班艺高,感谢他的辛劳。掌墨师则要祝主人百年顺遂、兴旺发达。

十七、屋山头酒

某家有事,房族爷崽要帮忙。这帮忙,有的是要帮人力,有的是要帮钱米,有的是要帮酒席。这种房族爷崽的帮助叫作帮屋山头,在许多情况下都是要人、财、酒席三帮的。无论什么喜事,客人被正主子的房族爷崽请去吃酒,就是去吃屋山头酒。这请客去吃酒的房族爷崽,会用酒席对正主子帮屋山头。这种酒有一家一席的,有几家合办一席的。若正主子的房族爷崽多家,那就够你醉的了。席间的歌,客人主要是唱打扰房族,感谢族间的深情厚义;请客的主人,主要是唱简慢客人,请高高打伞,远远遮盖。

十八、团圆酒

为家人团聚和亲友聚会而设的酒席叫作团圆酒。团圆是难得的，因此人们对团圆很看重。席间的歌有唱思念之苦的，有唱团聚难得的，有唱人散心同的，有唱努力进取的，常常是喜得热泪盈眶或者声泪俱下。侗家人是重感情的，团圆酒的场面常常感人肺腑。

十九、送别酒

举办送别酒也常常感人肺腑。离情别意，哪有不依依难舍、动人心弦的。送别酒，作为送别的人要唱歌祝福一路平安外，还要针对被送者的实际，分别加以封赠。如对读书的，封赠金榜题名、成为栋梁之材；对已工作的，封赠步步高升、贡献辉煌；对做生易的，封赠四方纳财、一本万利。被送者则见子打子，以种种歌作答。还有一种是欢送远方稀客，这要先唱挽留歌，次唱难舍歌，再唱希望经常来走动的歌，然后唱送行歌。

二十、毕业酒

毕业酒，有学校举办的，有毕业生家庭举办的。学校举办的，虽然也要家庭支持，但毕竟是在学校办，因此，这里不讲它。这里要讲的是毕业生家庭举办的毕业酒。现在教育发展了，对初中、高中毕业生都看得平常了，当然也就没为他们毕业而办酒的了。但在民国中期都还有为高小毕业生办庆贺酒的。1997年以前一般是要中专、大学毕业才办酒庆贺。来贺的客人要唱好竹生好笋、笋子高过竹的褒讲歌，并唱祝贺步步高升的歌。主人则要答唱感谢歌，感谢客人的关怀、支持和真诚地祝贺。

二十一、高升酒

高升指读书人考中大学、人才被用和被提拔。为这种高升而设的喜酒叫高升酒。来庆贺的亲友都有各自的礼物，也有送钱的。庆贺的要唱歌，夸讲家教有方、子女有志，祝贺鹏程万里、前途无量。主人便以谦虚歌和谢歌作答。但现在都不办高升酒了。

二十二、平伙酒

平伙酒通常叫打平伙，是指朋友之间在赶场天或农闲季节几个邀约凑钱、称肉、打酒来欢乐一场。由于出钱或物，每人都是出一样多的，所以叫平伙。这种酒也是一醉方休的。平伙酒中的歌自由多样，目的在于饮个痛快、欢乐一场，但不容粗野、庸俗。

二十三、陪客酒

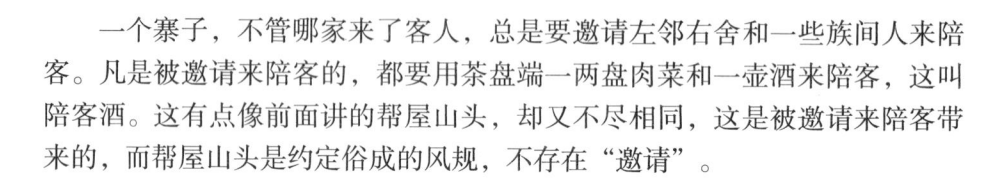

一个寨子，不管哪家来了客人，总是要邀请左邻右舍和一些族间人来陪客。凡是被邀请来陪客的，都要用茶盘端一两盘肉菜和一壶酒来陪客，这叫陪客酒。这有点像前面讲的帮屋山头，却又不尽相同，这是被邀请来陪带来的，而帮屋山头是约定俗成的风规，不存在"邀请"。

二十四、认娘屋酒

某妇女若没娘屋（娘家）了，就去找一家与自己同姓的来认作娘屋。去认娘屋时，要准备一桌以上的酒菜，还要有其他礼物；被认的一家，要设席款待，还要请房族和寨邻来陪客，这就是认娘屋的酒。在酒席上要唱认娘屋的歌。去认的唱承蒙不嫌，从此有了娘屋走，放心了，以后更要好好为人来报答不嫌之恩，希望以后多多赐教；被认的主人也唱承蒙不嫌，这回多了条路走，实在幸运，希望以后常来常往，好好争气，做个样子给世人看。认定了，作为认的妇女，对被认的人家，当叫作爹的就叫做爹，当叫作妈的就叫做妈，其余类推。以后逢年过节、有什么喜事，就像走自家亲娘屋一样。

二十五、寄妈酒

小孩无论男女，生下来后，常常要请算命先生给算命，求得预知小孩的未来，以便好好招待。若算命的说，需要拜寄一个寄妈才能保证健康长命，那就得拜个寄妈。把寄妈选择好了，人家又同意了，就要带上小孩，挑上礼物登门认寄妈。寄妈接了礼物，要设酒席招待。席间的歌，拜寄妈的就唱仗寄妈的洪福，感恩不尽；被拜的寄妈就唱祝福小孩健康成长、长命富贵。寄妈拜定之后，寄妈要打发小孩的衣帽等物，还要特地送一定的米给寄崽去煮吃。小孩吃这米煮的饭叫吃寄妈饭，吃了寄妈饭就会健康无病。若以后小孩得了病，还要来讨寄妈饭吃。以后逢年过节还要拜望寄妈。有了寄妈，当然也就有了寄爹、寄公、寄婆、寄哥、寄嫂……

二十六、姊妹酒

这是双方同姓，但并不同家族，由于情投意合结为姊妹而设酒志庆。一般是先到一家吃，然后又到另一家去吃，即择定日子各办一席。这不同于打（结）老庚，打老庚是异姓相结，这是同姓相结。双方唱的歌都是姊妹难得、永结同心、绝不背弃的内容。

二十七、姑娘酒

这是男女青年在恋爱过程中，姑娘办来招待后生的酒。时间常在正月上旬的某天、三月三、端午节、六月六、七月半、八月中秋、九月重阳等日子。在其他日子办酒的也有，但不多。办酒，有时是在家里办好了拿到坡上去吃，有时是在亲友家办吃。吃这种酒，除招待的唱简慢歌、被招待的唱谢歌之外，主要是唱爱情歌。

二十八、后生酒

这是男女青年在恋爱过程中，后生办酒招待姑娘。其时间、地点及歌与"姑娘酒"的内容基本相同。

二十九、劝诫酒

劝诫酒是为劝诫寨邻，或亲友，或族中有邪念，或有恶习，或做了坏事不想改邪归正的人而设的酒席。这一席酒会请那些需要规劝的人来赴席，又请规劝力较强的人来同饮，在酒席间用情理、话语和歌来劝导他改邪归正、走光明大道，不要走歪门邪道。这种做法，常常会收到良好效果。

三十、赔礼酒

赔礼酒就是向别人认错，表示赔礼道歉而设的酒席。承认错误是一种可贵的精神，是有高风格的人才能办得到的事情。在这里指的是有错的人，设一席酒请被得罪的人来赴宴，同时邀请德高望重的人来参加。席间，有错的人当众认错，向被得罪了的人赔礼道歉，请他"乖人莫记哈（呆）人仇"。被得罪了的人，也当众表态，对过去不愉快的事一笔勾销，决不计论，今后以团结为重，重归于好。矛盾消除之后，自然就是团结友好的歌唱了。来参与的人则要以歌来赞扬双方的高尚风格。

三十一、和面酒

和面，是指两方（或多方）相互间有矛盾，经过调解，矛盾已经消除，然后由调解人出面办酒，叫双方赴席同饮，到席上来表示此后结好，不再记仇，这种酒就叫和面酒。办酒的钱一般是两方各出一半。这也有歌唱，内容是消除旧恨，重新结好。

三十二、调解酒

调解酒是调解纠纷的酒，是由调解人权衡哪方办酒合适就要哪方办或者要双方出钱来办。另外，如甲、乙、丙三人原互为朋友，一朝甲与乙有了矛盾，丙为了大家和好，便出钱办酒，请甲与乙来赴宴，丙就从中调解，这种情况下就不必由矛盾的双方出钱了。调解酒，常常要请几个有说服力的人参与，在席上以理服人，在讲道理的过程中也有插入劝解歌的。

三十三、诉理酒

这是为诉说理由而设的酒，群众叫作请人吃酒。哪个和别人有了矛盾，就办酒请人来吃，在酒席上把自己的理由和对方的无理诉说给来吃酒的人听，要他们评理、主持公道。被请来吃酒讲理的，一般都是有地位而又是自己一边的人，所以，这种做法常常是有钱有势的占上风。不过这些人所谓的主持公道，只是民间的，不是官方的、法律的，起的作用也不大，因此，有的根本不理睬。爱办这种酒的人，常常是那些文不文武不武、无理好胜、爱欺侮人、有钱有势的人。

三十四、议事酒

这是为了共同商议好某桩事情而设的酒席，其中分为公共事与私人事两种。公共事，由众人出资办酒；私人事由当事人出资办酒，但都要请与事有关的人赴席共议。吃议事酒，一般不唱歌。

三十五、日常酒

这种酒，既不是节日酒，也不是什么喜庆酒，只是要好的到一起以酒作乐而已。日常酒是到哪家就由哪家出，不必讲究下酒菜。既然是日常酒，唱歌也就比较自由，如友谊、解怀、消闲、散闷、言志、劝诫、共勉，无一不可。吃这种酒也常常是一醉方休。

三十六、挂亲（扫墓）酒

这种酒是清明扫墓时设的酒席。这有两种情况，一是主人邀约亲友到坡上墓地去饮酒，二是主人邀约亲友在扫完了墓的那天晚上到家里来饮酒。在墓地饮酒的歌，重在通过赞美龙脉、坟地景物来祝贺主人兴旺发达；在家里饮酒的歌，重在直接贺主家发人兴；主人则唱歌感谢封赠。吃这种酒也常常是不醉不放手的。

扫墓

三十七、安碑酒

安碑是给祖坟安石碑。安碑的时间有的在清明前安，有的在清明节安。一般是在坡上墓地设席。墓地设席庆祝之后，当晚还要在家里再设席以示庆贺。来吃酒的客人不多，因各家都在忙于挂青，一般只是亲友中的至亲者、左邻右舍和附近的家族参加。所唱的歌，除了加上"安碑大吉""阴安阳乐"的内容外，其他的和挂青唱的相同。

安碑

三十八、晒谱酒

每逢农历六月六这一天，侗族各姓氏堂号都要拿出自己的家谱、族谱在太阳底下曝晒，可免霉烂，起到保护作用。一册家谱，可以明源流、正昭穆、别少长、辨亲疏。晚上族人集中吃饭、饮酒、划拳。

第八章 节日中的酒俗

侗族酒俗，若以节日划分，有"春节""社节""端午节""七月半""中秋节""重阳节""侗年""吃新节""斗牛节""歌会节""千三祭祖节""播种节""四月八牛王节""立夏节""林王节""姑姑节""黎平古帮芦笙节""从江洛香芦笙节""黄岗侗寨祭天节""三龙侗歌节""黎平鱼冻节（甲戌节）""牯脏节""瑶白摆古节"等。

一、春节

春节是侗族全民欢度的民族节日。侗族北部方言区过春节，从腊月中下旬起便开始了。届时，各家各户酿米酒、打糍粑、烤腊肉，送灶神、打阳尘，准备过大年。大年除夕，则有吃年庚饭、祭祖敬神、吃年夜饭、守岁等活动。春节期间，村村寨寨玩龙灯，唱大戏、演阳戏、舞狮子，或开展富有民族特色和地域特色的抟锣活动。侗族南部方言区，很多侗寨过春节有大体相同的程序。腊月二十七杀猪祭祖，晚上青少年鸣锣吹笙放炮，绕寨三圈游行。二十九日或三十日，人们放水捉鱼，晚宴以鲜鱼祭祖。三十夜，屋里香火蜡烛通明，鸣放鞭炮，家长举杯滴酒于地，然后逐一点尝菜肴，表示祖先英灵吃过，而后家人即可食用。夜半亥时过，迎春炮响，点燃廊前腊烛，以照天地，合家喜迎新春。初一早饭后，男人放牛上坡去作放牧、砍柴、造田的仪式。初二以后，有媳妇的人家举行婚庆活动。春节期间，各侗寨会举行踩歌堂、吃相思、抬官人演侗戏等活动。

侗族北部方言区从正月初一到十五这段时间，侗家民俗活动既多又有趣，有祭水井、汲新水、拜新年、吃年酒，开展舞龙耍狮、打金钱棍、跳采茶灯、请七姑娘、唱桃源洞等，呈现出一派喜气洋洋的新春景象。

舞龙耍狮的龙灯分"私灯"和"众灯"。每条龙为七至九节，由龙头、龙尾组成，均用竹篾和铁丝捆扎，糊以五彩锦纸，并且彩笔描绘眉眼、鳞甲。每节龙身之内均插有蜡烛，闪闪发光。龙灯前面有人持"宝珠"逗引。

龙灯队伍前头打着写有"风调雨顺""国泰安民"的牌灯,另有花灯、鱼灯、猴灯等配套。舞龙有单龙舞和双龙舞,大幅度旋转、翻腾、舞姿以"双龙抢宝"为精彩。从出灯之日起,夜夜都要把龙灯舞出去,数十人上路,敲锣打鼓、游村串寨、走家串户,风雨无阻。家家烧香燃蜡,大开中堂鸣放鞭炮,热情迎接。龙灯进屋后,绕堂顶礼,耍"龙宝"者高腔拿调,口若悬河,领诵"贺主家""贺新居""贺新婚""开财门""谢主家"等吉利语。主人家给龙披红挂彩,并赠以财礼若干。至元宵节,各路龙灯齐集城乡街道,满街腾舞,观者如潮,万人腾欢。锣鼓声、鞭炮声汇成一片,响彻云霄。每当龙灯出现,青少年们即蜂拥而上,点燃鞭炮、大炮朝龙灯甩去,俗称"炸龙",往往把龙灯炸得遍体鳞伤。在乡村,还兴"吃龙灯酒",各家各户把玩龙灯的人请到家中,以美酒佳肴款待,猜拳打码,宾主尽欢。

每年农历十二月三十日,贵州省东部的三穗县侗族和其他民族一样"过春节"。从腊月下旬就开始筹备,有如:打糍粑、酿甜酒、杀年猪、左邻右舍互相邀约"吃庖汤"等活动。在三十这天下午举行隆重的祭祖活动。但是在稿桥、岩门和顺洞等地的杨姓,因生活所迫,辗转迁徙,牛也丢失了,到腊月二十九连人带牛形影无踪,杨姓为了找牛,就提前一天过年。款场乡上寅寨的瞿家,相传有一位老人在外经商,大年三十半夜才回家,为了补偿这位老人的年夜饭,就又办了一桌酒席,让全家团聚,叫"吃年更饭"。晚上香火旺盛,人们围着火炉守夜,直至天明。

春节,贵州省东部的天柱县、剑河县的侗家称"打宁"或"打静",是天柱、剑河侗族最隆重的节日。每到腊月下旬,家家户户清扫房屋内外的尘土垃圾,烤酒、杀猪宰禽、打年粑、做甜酒、煮包谷、炸炒米,备柴火,准备过年。除夕早上吃"更年饭",菜中必有一份猪肠、一分"长命菜"(青菜撕长绺炒食),象征"长吃常有,长命百岁"。传说稻种是狗带到人间的,因而"更年饭"会给狗先吃。"更年饭"都煮得多些,留作正月初一食用,表示年年有余。除夕晚,摆设丰盛供品,明灯燃烛,焚香化纸,鸣放鞭炮,祭祀祖先,然后才合家团聚,共吃年饭。饭后人人洗脚,妇女洗头。炉火长燃,长者守岁迎春,达旦不眠。鸡鸣时,少年到菜园模拟吆鸡入圈,关鸡进笼,预祝新年六畜兴旺、鸡鸭满笼。至五更,酌清茶、鸣炮祭祖,迎接新年,接着出门拾柴进屋,象征新年"财宝"归家。中老年妇女,日高方起,俗称"睡年",然后去井边挑新年水。初一早上,小孩穿上新衣裳,逐家向老人拜年祝福,主人散发糖果以表感激。春节期间,宴请亲友,玩龙演戏,到处喜气洋洋。

天柱县侗乡春节玩龙灯有玩夜龙和玩日龙之分。玩夜龙，主要在晚间进行，以耍龙为主要活动；玩日龙，则以文艺演出为主。但无论玩夜龙还是玩日龙，其主旨皆为向族人及寨邻祝贺新年。

玩夜龙的程序分为开光前、开光后，共两步。出龙前，要先由寨老举行开光仪式。寨老会在扎制的龙头面前敬酒、烧香纸，然后念道："开眼光，亮四方；开耳光，听四方；开脚光，走四方；开口光，尝四方。走到那里，保佑寨邻亲戚朋友老幼安康。"

给龙灯开光后，龙灯开始在本寨玩耍，日后到附近村寨玩耍。在本村寨玩龙灯，要先绕村四周转一圈，然后挨家挨户贺新年，这叫"龙扫寨"。龙灯将到某家耍龙时，主人在堂屋摆桌子、设香案，陈列刀头、糖果、酒水，点燃香火蜡烛，并把一定数量的礼钱封成红包放在香案上，准备迎接喜龙。龙灯临近主人家时，主人即把大门关上。龙灯队伍来到门外，则有人喊吉令，向主人祝贺新年。一人领喊，众人呼应，并以锣鼓伴奏，热闹非凡。词令是：

　　小小龙灯来得忙，采到贵府耍一场。
　　一耍风调雨顺，二耍国泰平安。
　　三耍三月早种，四耍四季发财。
　　五耍五子登科早，六耍六位早高升。
　　七耍天上七姊妹，八耍八仙过海堂。
　　九耍九（久，双关语），一把黄伞不离手。
　　十耍耍得全（钱），来到门府两状元。
　　左手开门金鸡叫，右手开门凤凰声。
　　吼！（齐声喊）

吉令喊到尾声时，龙灯队的锣鼓手密锣紧鼓，主人则鸣放鞭炮，打开大门迎接喜龙。龙身进入主人家堂屋转一圈，众人立中堂，接受主人款待。主人先向喜龙敬酒，玩龙头的人即用龙嘴接住，表示接受主人的厚意。接着主人向玩龙灯的众人敬酒、敬茶及糖果等物，互相祝贺新年。之后，龙灯队伍向寨子的另一家走去，直至寨子上每家每户全部走完为止。

新春佳节，贵州剑河县南明、蟠溪等侗乡也有玩龙灯的习俗。每当春节的三朝年（正月初三），当夕阳西下、夜幕降临的时候，村村寨寨都亮起了五光十色的龙灯。看龙灯的男男女女、老老少少挤满道旁，拥满寨中，场面十分热闹。龙灯会上，有一村一寨耍龙灯的，也有几个村寨邀约耍一条龙灯的。龙灯的样式繁多，再配上各式各样画有花草、动物和古装人物故事的彩灯，就显得格外耀眼了。

侗族群众对龙灯十分喜爱，迎龙灯进寨、接龙灯进屋时，都要焚香、点烛、鸣炮、煨茶烫酒以示庆贺。

耍龙灯时，要由扛龙宝的人念令词。念令词的都是由灯众推选出来的口才流利的人。几个寨子的龙灯同时进一个寨子玩耍，必须首先集中于寨中轮流念"龙灯相会"和互盘龙灯根由的令词。

龙灯挨户绕堂念令词完毕，便息鼓停锣熄龙灯。好客重情的侗家人，集中于寨中分别留下龙客（耍龙灯的人）进家吃夜宵。先吃烤米粑，再吃烫甜酒。主人家还用上好的腊肉、血豆腐、肉灌肠等佳肴款待龙客。手板宽的大片腊肉拈到龙客嘴里，油汤满口溅；醇香的重阳酒一杯又一杯，灌得龙客酒兴正浓。在酒兴未尽时，歌声又在寨内外响起……

黎平、从江、榕江等县的贵州省侗族南部方言区过春节的时间与湖南、广西等其他侗族地区基本相同，但年节的形式与内容却有所不同。侗族谚语是这样描述他们春节的内容的："二十七扫房角，二十八扯猪脚，二十九揉粑坨，三十晚上全家乐，大年初一'劳堂确'（踩歌堂），初三过后'为戏嘿'（做戏客）。"

古历十二月二十七这天，侗族人把村寨和吊脚楼都打扫得干干净净，准备迎接新年的到来。二十八这天，各家各户的男人们都忙着杀年猪、备年肉，杀猪过后要请外公来吃"泡汤"（即新鲜煮制的猪颈及内脏肉），饭前须请道士师傅到家"斗莎"念经，用酒肉敬供祖先，请祖先神灵一起过年。二十九，妇女们忙碌着蒸糯米饭冲打年粑。从大年三十的下午起，人们都用篮子盛上美酒和香纸到桥头、土地祠、宗祠、庙宇、火塘边、神龛等处敬供桥神、土地公和祖先，祈求保佑。三十晚上，家家户户把纸钱串贴（插）在大门和猪牛圈的门枋上，再贴上春联和门神。而在古代，侗族堂屋不设神龛，门边也不贴春联，过年烧香化纸和敬供祖先都在木楼的火塘边进行，吃过年夜饭之后，男人们便都到寨中鼓楼里的楼火边"守岁"。子夜一过便击响鼓楼上的"法鼓"，以此除旧迎新（有些地方直到过完元宵节才停息鼓声）。大年初一这天中午，人们要扛着鸟枪、拿着鞭炮、铁炮到村口土地祠和田坝上去，朝着西方鸣枪放炮。因为相传"年"是一个怪物，常常出来伤害人畜，人们在这天鸣枪放炮，以示把旧年赶跑，使人能过太平的日子。初一这天侗族人忌串门，串门被视为贪嘴或轻浮；忌动刀斧和动土，忌说不吉利的话，不洗衣、不倒水、不扫地，以示太平年景。初一的清早，各家的姑娘和妇女都要到井边挑一担泉水,并用新年的第一担泉水给家人煮油茶吃。初三之后演侗戏,本寨戏班自演,再进行寨与寨之间的作戏客活动。正月十五的元宵节,也叫"过小年",这一天家家户户都打糍粑,说是"吃了十五粑,才知把地下"。过元宵节后春节才算结束。春节期间,大多数地方的侗族村寨青年男女还举办婚礼,二十七、二十八的晚上接新娘到郎家,大年初二、初四或初七、初八送新娘回娘家。

吃相思也是侗族南部方言区春节期间普遍开展的民俗活动。在春节期间,黎从榕侗族地区,尤其是黎平、从江两县交界的六洞地区,村寨之间、族姓之间及青年男女之间常常组织数十人、上百人乃至几百人、上千人的民众到临近地区、临近村寨或不同房族间集体作客。侗语称"为嘿",又称"为也",也称"吃相思"。各种集体作客有大体相同的程序和礼仪,这些程序和礼仪主要有一下四种。

1. 拦路迎宾

"为也"活动的第一项重大程序和礼仪是拦路迎宾。按照主客双方事先商定的时间、出访人数等有关事项客寨大队人马按时浩浩荡荡向主寨进发,待到主寨门前,进寨的路都早早地被主人用鸡笼、纺车、织布机、木材、茅草、荆棘等杂物拦住,伙同杂物拦路的还有主寨的男女歌队、芦笙队和寨老等人。面对如此阵式,客人只得停下,准备与人对歌饮酒。如果主寨是女歌队当头,客寨则以男歌队相对;反之,如主寨是男歌队出面,客寨则派女歌队上阵。对歌开始,先由主寨歌队唱拦路歌拦路,申明本寨今天出了很多不吉利的大事,要忌寨,不准外人进入;客寨歌队则唱开路歌逐一应对,反驳其不让进寨的种种理由都不存在,一定要进寨。主人百般刁难、盘诘,客人巧妙解说对答。双方一问一答,你来我往,妙趣横生。如此这般的群体性对唱,大都要进行一两个小时,直到主人把所有障碍物撤走,客人才得以进寨。这种迎客仪式,由于从头至尾都贯穿着双方歌队这种诙谐风趣的对唱,使主客双方都感到他们之间的交往十分融洽、亲切。

2. 踩堂多耶

踩堂多耶是"为也"活动的另一项重要的程序和礼仪。客人进寨后,在歌队的带动下直奔主寨的"萨坛"。侗语"萨"是"婆"或"祖母"的意思,即侗家祖先女神。"萨坛"所敬奉的就是"萨",是侗族女神。侗族民间提及的女神至少有四个,她们是"萨柄"(掌兵女神)、"萨堂"(掌坛女神)、"萨岁"(为众牺牲的女神)、"萨玛"(至高无上的女神)。按侗家规矩,无论迁到哪里居住,都要先设"萨坛",如九洞古歌所唱"未置门楼(鼓楼),先置地头(萨堂);未置门寨,先置地柄(萨柄);未置三间堂屋,先置木堂门守(祭祀萨玛的殿堂)"可见侗家人对其"萨"的敬重,因而"为也"活动中客人进寨得先到"萨坛"祭萨。祭萨程序是:先摆放鲜果、酒肉等供品,点燃纸烛,然后客人"呜!呜!呜!"大喊三声,锣鼓、芦笙随之齐鸣;再后是列队三鞠躬拜祭,主寨老人向众人献平安茶;最后是主、客双方的所有人员,不分男女老幼,在"萨坛"前的大草坪上围成圈,男女间隔,里外数层,手拉着手边歌边舞,即踩堂多耶。多耶一般先由客人歌师领唱三支"敬祖耶",众人踏节相合;随后主寨歌师接着领唱三支再交由客寨歌师领唱三支。如此循环转接,直至活动结束。这种往复交替的领唱,既是对祖先的一种祭祀,也是主客双方歌才的比试。所唱的踩堂歌开始主要是颂赞祖先女神"萨"的丰功伟绩和英德以及本民族的历史,而后逐渐唱夸赞主寨、欢迎客人等即兴编唱的歌曲。

3. 合拢酒宴待客

合拢酒宴待客也是"为也"活动中一项富有特色的程序和礼仪。"为也"过程中,主寨除了"抢客""轮流待客"等形式招待客人外,一般要举行全体成员参加的一次合拢酒宴招待来访之客。这一活动一般安排在"为也"活动的最后一天,宴席设在鼓楼坪。宴会前,主客双方的男女青年在鼓楼坪对唱耶歌,一般是主寨的后生与客寨的姑娘对唱,主寨的姑娘与客寨的后生对唱。宴会时,由客寨中一小伙子讲款,内容一般从"开天辟地""人类起源""芦笙来源""破姓开亲"一直讲到村寨款约,最后是感谢主人的盛情款待。这种全体成员集体参与的宴会,侗语叫"腊也"或叫"做筵",别有风味,可说是吃百家酒菜,主寨举办这种宴会除集体杀猪、宰羊外,各户都根据自己的情况,自动从家里带一壶酒、一盘腌肉或酸鱼到鼓楼坪招待客人。酒过三巡,主寨姑娘往往唱起酒歌,向客人敬酒,客队以歌答唱。对唱过程中,客人对酒席上的碗、筷、酒菜以及主寨的男女老少,都要分别以歌夸赞,如果唱不下去,就要被罚酒。主客之间相互比试,相互逗趣,欢笑之声不绝于耳,充分显现彼此之间的团结和友谊。

4. 拦路留客

拦路留客是"为也"活动中最后一项程序和礼仪。"为也"活动一般延

"为也"活动,对唱酒歌

续三五天,到最后一天早上,主客双方群聚寨中广场,歌队相互表演从对方那里学来的鼓楼大歌、声音歌等歌曲,芦笙队则表演新学来的芦笙曲。然后全体到"萨坛"前举行告别仪式,全体成员手握着手唱多耶。再后是男女老少送客出寨,这时,主方姑娘们拦住大路,唱"拦路歌",敬酒挽留客人;客方罗汉唱"开路歌"辞别主人,主客之间情意绵绵,难舍难分。分别时,有的送一头牛,有的送一匹马,有的送一个猪头,俗称"安尾巴",留下"尾巴"好继续往来。按照侗家规矩,主寨来年要依样回访客寨,以示"为也"从此生根。如果某寨不愿再交往,有的则献出一头牛或猪,会同两寨人士聚于两寨中途,宰而分食,以示不再往来。还有一种做法是在送猪头时挂上猪尾巴,表示以后来往从新开始。

二、社日节

社日节,也叫"吃社饭",还有的叫"吃赦饭"。每年侗族人专门举行的祭社活动,是为了纪念敢说实话、敢讲真话、管理五谷春种秋收的大臣而设立的节日。

每年立春过后的第五个戊日,便是侗家的社日节。这天,居住在贵州省天柱县、三穗县、镇远县等侗族地区的侗族,家家户户都煮"社饭"吃,长期以来,便形成了习惯。

社日节的头天,侗家人都要到野外去采集蒿菜洗净,切细,装进布袋,拿到清水里反复搓，搓掉苦味。然后，把蒿菜放入热锅用文火焙干，并加上少许切细的青菜，拌匀备用。同时，把糯米煮成半熟状，滤去米汤，再掺入备用的蒿菜、腌肉、花生米、干豆腐丁、猪油、食盐等，拌匀，上甑蒸熟，一道独特醇香可口的侗家社饭就制成了。

在天柱县注溪侗家，每年立春之后，从第一个戊日到第五个戊日，都要"忌戊"，即禁忌犁田、动土、挑水、挑粪、春碓、推磨以及做针线活。民谣说："一戊禁天地，二戊禁本身，三戊禁牛马，四戊禁阳春。"这期间禁忌这些，有利于农人身体健康、六畜兴旺、五谷丰登。过社日节这天，家家煮社饭，煎过年糍粑，传说吃了社饭、社粑可以封蚊子口，防其叮咬。社饭由大米、糯米各一半煮至半熟，再加入炒好的腊肉丁、大蒜、蒿菜、马葱、生姜调匀后，文火煮成。吃饭时，每人饭碗上放一小块糍粑。社饭香软可口，油而不腻，冷热可食，老幼皆宜，具有独特的地方风味。每年的社节，远近的亲戚朋友都要邀伴前来赶"社场"，看对歌、赛鸟、唱戏，届时人山人海，家家户户宾朋满座，喝酒唱歌、猜拳行令，热闹非凡。

社日这天，守孝人家不煮社饭，但是有炒肉包在饭里为逝世不到三年的老人"挂社坟"的习俗，拿刀头（煮熟的猪肉）、美酒、香纸、蜡烛、鞭炮到坟前扫墓，行鞠躬礼表示对亲人的缅怀，以求得保佑百事百顺、老幼平安。

贵州黎平县的龙额、水口、岑邦、古邦、地坪、高畜、高岩等侗族地区过"拜厦"节。因"拜厦"时正值"社日"，故又称"赶社"。

侗族赶社，虽不在社场上以牲醴祭祀社神，但也要吃社饭。这一天，侗家杀猪宰羊、款待客人的酒菜同春节相比，有过之而无不及。喝酒通常喝到深夜，入席者十有九醉。

侗族过春社是接"社神"木阿点龙及其奶奶、媳妇的。春社这天，清早就烧香焚纸，牲醴祭祀，表示迎接木阿点龙，以求保佑侗家、消灾除难、五谷丰登、六畜兴旺。

秋社是侗族送社神的日子，吃饭前同样祭供社神，还要画三匹大马，意思是让他们骑着马转回家园。这一天也请客吃饭，家家都像过节一样，各以社糕、社酒相馈赠。也对客人热情款待，酒美菜香，对酒吟歌。

三、清明节

侗族的传统节日清明节一般在农历二月底或三月初，民间有"二月清明挂在后，三月清明挂在前"的说法。清明节期间，无论在何方，路有多远，官当多大，财富多寡，年老还是年轻，都要回老家（即原籍）上坟祭祖。有的人侗年节、春节不回家，但清明节一定会回去祭祖。

侗族清明节，一般是一个家庭或一个家族的"补拉"（家族爷崽）一起到坟上祭祀去世的老人。有的家族挂众青，还要宰牛杀猪，举行隆重的祭祖仪式，参加的人少则几百人，多则上千人。特别是有新坟的家族，三年内，死者子女和亲戚都要拢场，表示对死者的尊重和怀念，以示团结和睦，肝胆相照，有苦同享，有难同当。

侗族清明节挂青时，要准备祭品，如糯米饭、猪头、刀头肉、公鸡以及香纸、香烛、米酒、水果、糖果、铁炮、鞭炮等。祖坟各在一方的，家族就要分组进行祭祀活动。若需要安碑、垒坟加土或整修坟墓的，要选吉日才能动土。上坟要用竹子或树枝在坟山上挂上青飘，在坟前拜台摆上钱纸，献上糯米饭、刀头肉、公鸡、米酒以及水果和糖果等祭品。祭祀时要将燃烧的香烛插在坟前坟后，一边烧香化纸，一边口念清明吉利祭词，请阴间老人认领。仪式结束时，还要放铁炮、鞭炮。对于路程太远而不能前往祖坟的人，也可以在路边烧香化纸。此外，晚饭前还要在家里进行"斗煞"活动，烧香化纸，请祖先到家后家人才能就餐。

侗族清明节，是每年都要进行的祭祖活动，是对祖先的怀念，是追忆祖先教导的场所，同时也是教育子孙要如何做人、如何为祖先争光的好时机。若要是谁家的祖坟没人挂青，就会遭到别人的议论，说"此坟无后人"之类的闲话。所以，哪怕是在千里之外的人清明节都要回祖籍挂青，以表达对祖宗最大的尊敬。

四、端午节

端午节是中华民族的传统节日，除了包粽子、划龙船等活动外，侗家人还有过端午的独特习俗。

首先是悬挂菖蒲和艾叶。端午节这天，侗家人都在自家大门两旁悬挂菖蒲和艾叶。悬挂时，边挂边唱侗家人自编的歌谣：

> 五月初五端午节，八洞神仙我家歇。
> 悬挂菖蒲艾叶箭，蛇虫蚂蚁消灭绝。

其次是制作雄黄肉和雄黄酒。端午节，侗家人少不了的是雄黄肉和雄黄酒。这天，事先将买回的雄黄锤成粉末，将雄黄粉末与白酒一起浸泡，这就是雄黄酒。饭前，将雄黄酒擦于小孩的前额，小孩在这一年内就不会生疮。

大人们喝雄黄酒，这年就会减少病痛。雄黄肉的制作也不复杂，将雄黄粉末与锤碎的大蒜以及菖蒲艾叶锤烂挤出的水汁搅拌在一起，均匀地擦抹在洗净的肥肉上，雄黄肉就成功了。然后将肉用竹篾串好挂在堂屋的板壁上，如果家人中谁生了疮、疱或被蚊虫叮咬，就用雄黄肉擦拭患处，马上就会减少疼痛，很快就会好了。

再次是房前屋后撒菖蒲水。午时，将菖蒲艾叶用刀切成一厘米长的小段，再与锤碎的大蒜、雄黄粉末搅拌在一起，加上水，往自家房屋四周泼撒，这样蛇虫蚂蚁就不会进屋了。另外，撒入粪池中，人的手、脚即使接触了粪水也不会长粪毒。

然后是尝百草药。端午节这天早上，由自家门走出，一直向前走，见青就摘起一小点放于嘴中嚼碎，之后吞入肚中，当你估计抓了几十种后，就可以不摘了。要求向前走时不能回头，回来时也不要再摘，这种百草药吞入肚中后，凡是有小孩长疮、生疱的，只要家人中尝百草的吐口水，涂抹患处，就会好。

最后是洗百草药水澡。侗家俗话说："生疮莫赖鬼，要等端午水。"意思是端午节这天洗了百草药水澡就不会生疮了。其具体做法如下。端午节这天下午，家人拿刀出门一直向前走，边走边见青就割一小点，等割到一大把后认为够了就不必再割了。得到这把百草，拿回家放在一口大锅（估计够一家人洗澡即可）中加上水加热到一定温度后，全家人分别从百草药水中舀水洗澡。据说，用这种百药草水洗澡，一年到头都不会长疮生疱，特别是小孩用了很灵验。

另外，贵州剑河化敖、小广等地侗家虽然居住的山区，无江河，没有赛龙船活动，但每年端阳期间，吃粽节过得很隆重。节日期间，除了杀鸡、杀鸭、捉鱼、称肉打酒之外，还要行亲走戚，家有娃娃上学的，要用竹篮装一块肉、一串粽粑、一葫芦酒向先生拜节，表示对有学问的人的尊敬之情。全寨住户王、潘、文、杨四姓，由文、杨二姓请王、潘二姓作客，王、潘二姓不设宴请客。其奇特风规不解原因，除了以上活动，还要吹芦笙、斗牛、演戏。

五、七月半

每年农历七月十五日（有些地方为每年农历七月十三日或十四日）为"月半节"，也称"中元节"，俗称"七月半"，也称"鬼节"。

这天，家家户户都要"封包"，即将烧化给阴间人享用的钱纸用白纸封好。每一封都要写上"遇中元之期孝（自称及送人姓名）备冥袱上奉故（收包人称呼及姓名）冥中收用×年×月×日化"，按照亲疏远近决定数量的多少。下午，各家都要在自家堂屋里摆上八仙桌，桌上再摆上各种菜肴，斟酒供饭，焚香化纸。祭了祖先，然后全家共进团圆餐。

晚上，把白天包好、写好的包封（又叫"冥袱"）按去世亲友的名字，一堆堆摆好。用纸钱引燃冥袱，每一堆包封上都要放几柱香，并交待各位先祖各人清理各人的纸钱，不必争抢，然后鞠躬作揖，点燃冥袱，俗称"烧包"。年内过世者叫烧新包，多大操大办；过世一年以上者叫烧老包。纸钱冥钱烧得越多，则表示在世的人越有孝心。

六、中秋节

农历八月十五日，是我国传统的中秋佳节，也是侗乡人最喜爱的节日。这天晚上，家家户户团聚在溶溶月光之下，在院坝中摆上一张方桌，占燃香纸蜡烛，放置酒香、月饼等祭品，对着月官虔诚拜上几拜，然后将月饼切开分食。如家里有人出外未归，留下一块，以表团圆之意。

七、重阳节

农历九月九"重阳节"，也是侗族共同欢度的节日。

重阳节的传统饮食主要有糯米酒、血浆鸭、糍粑、腌鱼、甜酒等。节前，农村几乎家家都烤米酒。有些人还把桂花浸泡在酒坛里，一开坛，满屋清香。从九月初七、初八起，人们就得杀猪、杀鸭、捉田鱼、打糍粑……初九客到家，早上和中午都是吃甜酒粑或油茶，下午吃饭。各房族轮流待客，凡作房族一般是男陪男、女陪女，边吃边划拳、唱歌，非要客人一饱二醉才高兴。重阳节这天，妇女们还要拿着香、纸、刀头、糍粑、酒、鸡蛋等去谢桥祭树，表示她们的祈愿。

傍晚，筵席升始，主人们用最丰盛的食品款待客人，酸脆喷香的腌鱼、腌肉，醇浓性烈的糯米酒，海碗大的重阳糍粑摆满席上，主人频频为客人斟酒劝菜，客人碗里常常菜积如山。入夜，寨内灯火通明，宾主纵情欢歌，通宵达旦。

贵州省锦屏县平秋镇九寨村侗家过重阳节兴放牛打架，要在节日里"鞍瓦"三天。"鞍瓦"，侗语意思是"放牛大打"。鞍瓦在侗族地区几乎都流行，但因各地情况不同，鞍瓦规模大小、时日选择和历时长短却因地制宜。鞍瓦多在五谷丰登的秋后举行，而平秋一带鞍瓦，时间是在九月九日至十一日。

八、侗年

侗年，又叫"记年"，既是侗族人民祭祖、喜庆丰收的盛大节日，又是共同进行娱乐的节日。在侗族节日中，侗年为最大的节日，也是最隆重的节日。

侗族人民十分好客，把侗年错开来过，便于亲戚朋友相互走访。有些村寨把侗年定在祖先立寨安家的日子，因此日子有先有后。过侗年的日期，有的年选择丑、未、辰、戌，有的年选择子、午、卯、酉，有的在农历十月下旬过，有的在农历十月下旬、十一月中旬以及春节大年初一，共分三次过。

为什么要在侗年举行祭祖祭神呢？据传说，侗族祖先原住在山西洪桐，后迁至广西浔江流域。最后，祖公们商量决定顺着水源逆江而上，来到黔、桂、湘等省（区）毗邻一带。侗族祖先几次迁徙都是因为吃不饱、穿不暖。古歌曾有"树丫吃完了，树根也嚼光"的记载。祖先来到定居的地方后，开荒造田，种植水稻、瓜果、蔬菜、棉花等，有了吃和穿，喜笑颜开，都说这是因为祖先指引来到了好地方，因而总是忘不了祖先的恩情。在过年时，用好鱼、好肉、糯米饭、好酒等祭告祖先，请祖先回来与自己一起过年，并念上祭祖吉利词，表示对祖先的尊敬和深深的怀念。关于祭神，一般以祭井、桥、土地庙、古树或巨石等为主，因为勤劳善良的侗家人认为除了祖先保佑外，在天地间还有一种神在主宰着，他们希望得到神的庇佑，保护人畜平安。

过侗年，吃是比较讲究的，除了猪、牛、鸡、鸭、糯米饭、酒、糖以外，还有冻鱼、腌鱼、腌肉等。尤其是冻鱼，那是过侗年少不了的美味佳肴，其味道鲜美，甜而略酸，麻辣适度，十分开胃。腌鱼、腌肉也是侗族公认的美味，即可生吃，也可熟吃。

侗年敬酒请萨

过侗年，一般外出的侗家人纷纷回家，出嫁的女儿也要返回娘家团聚。过侗年，各家各户杀鸡杀鸭，开田捉鱼，蒸糯米饭。吃年饭前，家家户户打开大门，全家人（包括客人）都围坐在火塘边，由家长用肉酒等供品举行"斗煞"活动，一边焚烧冥纸，一边念祭祖吉利词，之后鸣放鞭炮，就可以吃饭喝酒了。过侗年这天早上一般开饭比较早，有的人家六七点就开饭，主人与客人共同畅饮，叙谈家常，交流生产经验，同时猜拳行令，对唱酒歌，气氛十分热闹。

过侗年，一般持续1—3天，若要举行斗牛、斗鸟、唱琵琶歌、吹芦笙等活动，有时也会长达5—7天。侗年，既是祭祖祭神、庆祝丰收的节日，又是群众性的娱乐活动，它对增强民族间的团结、寨与寨之间的友谊起到了积极的促进作用。

九、萨玛节

"萨"是侗语，意为"祖母"或"奶奶"。"萨玛"即大祖母，含有"先祖母"之意。萨玛节，就是祭祀先祖母的节日，是侗族南部方言区传统的祭祀性节日。

祭萨玛，一般在春、秋两季。即农历一、二月或九、十月的吉日举行，活动一般为三天。萨堂也称为社稷坛。在侗族南部方言区的侗寨大多设有萨堂，萨堂一般地处寨子中心，而祭坛设在萨屋内，一般采用鹅卵石砌成半圆形石坛，上插一把半开的黑伞，伞柄上挂一把扇子，台前放三只小茶杯。坛下多埋有铁三角、铁锅、火钳、银帽、木棒、铁剑，放有石子堆、剪纸等。

祭萨有两种形式。一种是平时祭祀，即逢过节、斗牛、吹笙、演侗戏或遇重大突发事件，比如遭遇外敌入侵等，可以随时祭祀，求萨玛保平安；另一种则是一次性祭祀，这种祭祀因对供品要求很严，时间间隔较长，比如供品中要有九层蚁房、可横盖大路面的野葡萄、一株无风自颤的薯草、一勺两江汇合处旋涡里的水、一撮朽木中自生的浮萍。上述供品十分难寻，故三五年不一定能找齐。当然，现在对供品的要求已没有那么严格了。

侗族萨玛节，规模较大的要算贵州榕江三宝侗寨的萨玛节。萨玛，是侗族最崇敬的女神，是至高无上的神圣的大祖母。三宝祭祀，与众不同，除每月初一、十五由"萨登"敬香献茶外，还有年祭和盛祭，以致形成

萨玛门前祭萨神

至今最为隆重、最有代表性的节日——萨玛节（即年祭）。三宝各寨自发举行，时间为农历正月上旬某一吉日。是日，寨中各户来一男一女，（未嫁之女或孕妇不得介入），自携茶（酒）、肉、菜肴、纸独，前往萨玛祠敬祭。祭毕，即于神坛周围合度共餐。餐毕，众妇女于祠前"多耶"场上围成圆圈，手牵着手，以甩手踏步为拍，边走边绕圈，唱"多耶"歌，纵情歌颂萨玛的美德、灵威、赐福，求她保佑村民安康，村寨五谷丰登、六畜兴旺，直到下午，才尽兴而散。

盛祭（即大型萨玛节），盛行于章鲁、寨头、月寨等地，一般几年举行一次，举行时间亦有择于正月、二月吉日。届时，由各户集资，按侗族习俗备办酒菜、祭品，请一巫师前来主持敬祭活动。

十、吃新节

"吃新节"是侗族古老的传统节日，盛行于广大的侗乡，但各地吃新节的时间和仪式不尽相同。于每年农历六月"卯酉"过，有两个说法，其一是如果"卯"日在前就在卯日过，其二是"酉"日在前就过"酉"日。

"吃新节"的来由是，打田栽秧期间，人们都要紧张繁忙地劳动，十分辛苦，栽完秧后需要休息娱乐一天；二是预祝这年粮食能得到好收成。

"吃新节"这天，各家各户把煮好的猪肉、鲤鱼、鸡、鸭、糯米饭及五

轻舞飞扬

个斟糯米酒的小酒杯和五根禾苞摆在火炉边。全家人围坐好，由家长边烧香边烧纸钱，口中念诵吉利词祈望当年五谷丰登、六畜兴旺、百事如意，念完吉利词后，每人先喝一口酒，吃一点肉、鱼、糯米饭和禾苞。当地群众把这种仪式叫作"把敲"。"把敲"之后，全家的人才正式吃早饭。

饭后，各寨的男女老少穿着自染自织的侗衣盛装，穿上绣有各式雀鸟、龙凤图案的新装，头戴银花、颈佩银圈，小伙子牵着牛，聚集到"牛打坪"看牛打架。斗牛前，寨老们先商讨有关事宜。而后，按商定的程序进场角逐。打赢了，全寨人拍手欢呼，为牛放鞭炮挂彩，外寨客人也前来放炮庆贺，主寨放三声炮迎接。下午，主寨接客人们进寨吃酒。酒席上，老人们一边称赞斗牛如何显威风，一边猜拳行令。小伙子、姑娘们高唱酒歌，频频向客人敬酒，直到深夜。次日，客人离开时，寨上的姑娘还要到寨边去唱拦路歌相送。

十一、斗牛节

农历九月初十，在侗乡很多寨子都举行斗牛节活动。古代斗牛节在每年九月"土皇"日举行，后因各年日期不一，活动不便，才约定为重阳节的第二天——九月初十。这天近百对水牯牛轮流打斗，数万观众聚集在斗牛场上，观看斗牛盛况。入夜，青年男女赛歌谈情，通宵达旦。节日之前，各家各户准备佳肴美酒招待客人；各寨筹划安排场地、牛圈、饲料，接待远处客牛。斗牛场上搭一彩台，路口扎制彩门牌枋，书写对联，一派热烈气氛。节

斗牛

日这天黎明，寨老带领大人小孩，敲锣打鼓，到出寨二里远的路口迎候各处客人。他们对来客不论亲疏或相识与否，均一视同仁，设酒宴盛情接待。

十二、歌会节

歌会节又称"赶歌""赛歌会""参堂"等，是盛行于贵州黔东南的天柱、锦屏、剑河、三穗、镇远一带的侗族歌节。因此，每年会自然形成数十处赶歌坪。如天柱渡马的七月二十坪、邦洞的晒油坡歌坪、鱼塘的白腊坳歌坪、远口的坪芒歌坪、高酿的甘洞歌坪、石洞的水洞云雾山歌坪、锦屏剑河两县交界处的高坝歌坪等。其中最盛大的是天柱渡马的七月二十坪，共赶三天，参加歌节的，最盛时可达两三万人之多。各处赶歌的时间不一，如二十坪赶歌坪是农历七月二十日至二十二日、高坝歌坪是农历七月二十日、晒油歌坪是农历四月八日、白腊坳歌坪是农历三月三日等。

"三月三"歌节这天，侗家男女老少，穿节日盛装，挑着米酒、糖果，到寨边迎接远道来的宾客和附近村寨的亲朋好友，贵客到来时，迎客的队伍先鸣三响接客炮，再把芦笙吹得震山响。客人走近时，姑娘们热情地献上"牛角酒"，每个客人必须喝干一角酒方许过关。主客相互祝福，走入寨门。待进入芦笙场，主人高唱迎客歌，然后主客几百人手拉着手，围成一圈又一圈，欢快地跳起芦笙舞。寨老和年轻姑娘手捧装满米酒的牛角，不时敬献给跳舞的客人。跳到太阳落山时，主人们就请客人到家中接受盛情款待。家家户户客厅里，摆上一条长2米、宽0.5米的木制长条桌，男女分别在长条桌两侧相对而坐。主人先献上甜酒粑或糊米茶，再端上鱼、羊、猪、牛肉、豆腐等菜肴。主客几十人围在一起，对歌饮酒，相互劝食。年轻妇女则向客人唱敬酒歌，每唱一首，客人必喝酒一杯。

十三、千三祭祖节

每年农历正月十一至十五日，是贵州黎平县茅贡乡地扪村侗族的千三祭祖节。节日期间方圆几十里的侗族村民都要到地扪村去欢聚一堂，开展祭祖、踩堂、吹笙、演戏、斗牛访友等活动，整个村寨一片狂欢气氛。

节日期间，盛装姑娘和芦笙手们在寨门一字排开，等候客人。长凳上接着酒壶酒碗，地上设置纺车、线转、芭茅草、树枝、绳索等障碍物。客人到来，三声铁炮，芦笙齐奏。姑娘们唱起拦路歌，向客人们一一敬酒，然后牵着客人的手，由芦笙引导进寨。之后，便开始"合歌祭祖"。寨老、歌师庄严地唱起祭祖歌，叙述先祖的迁徙过程，有"三百先祖守地扪及三千总根在地扪"的典故。

合歌结束，身穿红袍、半撑红纸伞罩住头部的人，由寨老引到坝边古树下的"社祭坛"祭祖，坛前有一张供桌，桌上摆满三牲祭品，人们依次到坛前烧香焚纸朝拜，乞求先祖保佑五谷丰登、六畜兴旺、四季平安。之后再朝拜寨中"塘公祠"，便进入"踩堂吹笙"活动。芦笙手在场坝中吹奏芦笙，姑娘们与客人手牵手边舞边歌，先赞颂祖母"萨"的公德，请祖母进堂，然后唱转堂歌、散堂歌。

因为侗戏创始人吴文彩，是分到腊洞居住的"千三"后裔，所以欢聚节中要演唱侗戏，一是引以为自豪，二是缅怀吴文彩。

祭租节上，总会有十对以上的牛，依抓阄顺序进行角斗。五天的欢聚节，"归根"的"千三"后裔们会被分到各家各户食宿，也有几家凑拢酒菜集中吃"合拢酒"。饭后，客主叙旧说新、彻夜长谈，琵琶声和歌声彻夜不停。

十四、播种节

农历三月三，是贵州镇远报京地区侗族人民一年一度的播种节。节日期间，方圆百里的侗族人民都从四面八方赶到报京欢度播种节。报京三月三节日活动前后历时五天，主要有捞鱼捞虾讨巴箩、洗葱洗蒜讨篮子和踩芦笙三项交际联谊活动和民俗活动。

当农历三月初三这一天到来的时候，整个报京寨沸腾了，男女老少沉浸在欢乐的节日里。清晨起来，姑娘们便提着细篾竹篮到菜园里去扯回半篮葱蒜，母亲或嫂嫂一边烧水给姑娘梳洗，一边做早饭。老人们准备节日该穿的衣服，哥兄老弟则准备芦笙、铁炮、糯米烧酒。准备工作做得井井有序，配合得十分妥帖。

三月三这天，年轻姑娘同小伙子们在进行讨篮子这一项社交活动的时候，报京寨芦笙场里的大型"踩芦笙"活动也同时开始。芦笙塘，熙熙攘攘，围满了参加节日活动的人群。在芦笙场中放着大酒坛，酒坛盛着由各户献出的自酿糯米酒。酒坛的周围，人们手牵手地围成四道圈子，从里向外，层层围起来。里圈是吹芦笙的男青年，其次是穿长袍马褂的老人们，接着是身穿节日盛装的未婚少女和年轻媳妇，最外边的一圈是穿着整洁的已婚妇女和老太太们。当芦笙以优美的旋律、缓慢的节奏吹响的时候，豪放的报京人踩着芦笙的节奏翩翩起舞。其中最引人注目的要算姑娘和年轻媳妇的舞圈了。随着脚步的起落，她们头上的银花不停地颤动，手腕上的银镯在阳光的照耀下熠熠生辉，颈上的银项链铿锵作响，令人眼花缭乱，羡慕不已。

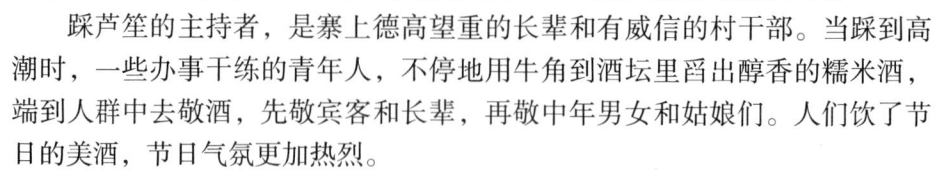

踩芦笙的主持者，是寨上德高望重的长辈和有威信的村干部。当踩到高潮时，一些办事干练的青年人，不停地用牛角到酒坛里舀出醇香的糯米酒，端到人群中去敬酒，先敬宾客和长辈，再敬中年男女和姑娘们。人们饮了节日的美酒，节日气氛更加热烈。

踩芦笙从中午一直踩到太阳快落山。散场后，各家把客人邀请到自己的家里去吃饭，唱酒歌。凡是到报京来参加"三月三"节日活动的人，不管你有亲无亲，都会受到好客的报京人盛情款待。当夜幕降临的时候，未婚的青年小伙子和姑娘们便三人一堆、五人一伙地结伴到山坡上，互相偎依在一起唱情歌，一直到深夜，甚至通宵达旦。

十五、牛王节

侗族人喜欢斗牛，至今盛行斗牛节；侗族人民爱耕牛，现在还时兴牛王节。

贵州锦屏九寨侗族人民把四月八叫牛王节。牛王节，侗语叫"脱生尼"。意为"牛的生日"，又叫"牛王会"，侗语意为"为牛生日会餐"。

牛王节这天，整个侗家村寨繁忙极了。一大清早，各家备办香纸酒肉，到庵堂去祭牛王爷爷（牛王菩萨），并且恭恭敬敬地说："牛王呃，你是神灵，请你接受我家的祭礼，保佑我家耕牛月无三灾，年无八难，百般顺遂。"

祭祀回来，会在比较大的侗家村寨里吃会。吃会分为若干股，每股的人可以按房族结合，也可以杂姓之间自愿结合，但吃会是不准妇女小孩参加的，用意是要庄重、虔诚。每股吃会的人数、规模、费用和会主，在头一年吃会时就确定了。吃会时，要喝酒划拳，大唱牛歌。牛歌的内容大致是追忆牛王节的来历，歌颂牛的丰功伟绩，祝福牛无灾无难、膘肥体壮。这一天，喝酒只准喝到三分醉，因为吃会后各人还要去料理耕牛哩。

十六、栽秧节

侗族地区，每年一般在小满季节过后才开始栽秧。侗族村寨栽秧有个规矩，都得先由村寨最先落寨居住的姓氏中德高望重的长者担任"活路头"，不管谁家秧田里的秧苗长得怎么样，都必须先由"活路头"栽秧，大家才能栽秧，侗家人称之为"开秧门"。

"开秧门"的程序是先由"活路头"到自家的田栽上几蔸秧苗，在秧田上插上三根青草或几根米草，并用一根一米长的树条或竹子把几根青草或米草竖起，旁边放一个鸡蛋，以示主人已打上记号。之后，各家各户就可以到自家的田里栽秧了。

侗族，一般在农历五月初五栽秧节过"小端午"，五月十五过"大端午"，家家包粽粑，杀鸭买肉过节。

栽秧节，是侗族人民长期改造自然所总结出来的生产经验，侗族历来都有一家帮一家栽秧的传统习惯。在栽秧节期间，一般都会邀请亲戚、好友、邻居一起栽秧，互相帮助，互敬互爱。主人家宰杀鸡鸭，买肉酿酒，招待亲人。席间，劝肉劝酒，猜拳喝酒至深夜，主客情意融融。

十七、立夏节

侗谚说："立夏不吃肉，浑身都是骨；立夏不吃鱼，做活无气力；立夏不吃蛋，瘦来不好看。"因此，侗族人在立夏晚上会美美吃一餐，尽兴喝几杯酒。

十八、林王节

林王节是贵州锦屏县启蒙地区侗族村寨的独特节日，是为了纪念明朝洪武年间率领侗族人民起义反抗朝廷而牺牲的英雄林宽。每年农历六月的头个"辰日""巳日"，寨母、寨楼、塘烂、便晃、归宿、流洞、魁洞、扣引、果构、西洋店等侗寨都要宰牛杀猪、开田捉鱼、打豆腐、包尺把长的粽粑。农历六月第一个"辰日"，由寨母林姓把粽粑、鱼、米酒拿到林宽倒载的古

祭祀林王

枫树下祭奠，并要取下一小块树皮带回给小孩佩戴，以求去灾。久之，沿袭成俗。

过节这天，每家都要到古枫树下祭奠，客人来了也要先到古树下叩拜，然后进屋。有的老人还把古枫树上削来几块树皮用红纸包好，带回给子孙披戴，以示祈福去灾。晚上，唱歌喝酒划拳，吟唱《林王古歌》。

十九、姑姑节

每逢农历六月初六，贵州天柱坪地镇有很多村寨都有过姑姑节的习俗，村村寨寨都要杀猪宰羊、打粑粑、烧米酒、唱大戏、赶歌场、晒龙袍、晒族谱、热热闹闹迎接出嫁的女儿、女婿及其子女回家过节。

二十、黎平古帮芦笙节

每年农历八月十五、十六两天，时逢贵州黎平古邦芦笙节。主要活动有赶歌坪、赛芦笙、"乞丐"钻坪三大内容。在八月十五这天清晨，各村寨的芦笙队，在寨老的带领下，先入坛祭萨，尔后涌着萨的"英灵"欢奏芦笙前往集会地点参加活动。到达中心地的村寨门口，客寨芦笙队须吹奏三首落地曲，以示到达参赛；早已等候在寨门上的主寨芦笙队，即吹奏三首迎宾曲，以示已欢迎客人的到来，然后鸣响三声铁炮，把客人迎进赛笙场去。待所有客寨芦笙队到齐后，全场所有芦笙队要齐奏一首笙曲，顿时，成百上千架芦笙吹奏起来，同欢同乐的气氛振奋人心。同欢完毕，主寨宣布笙赛开始。

笙赛以"淘汰赛"式进行，评判组由素有吹笙经验的十余人组成，他们远在赛场之外一千米的山坡上侧耳静听，所有评判者都持一面小红旗和一面小白旗，主判者手持一面大红旗和大白旗，并由评判者举起红旗、白旗的多少来对参赛队的输赢胜败进行评判。竞赛的两队，一前一后吹奏同一首笙曲，评判组听后如先举红旗，说明先吹奏的队胜；如先举白旗，说明先吹奏的队输。也有规定两队异曲同吹的，而红旗、白旗则代表两个不同的曲子，评判人员虽然看不清赛者，但凭笙曲强弱的对比而举旗裁判。冠、亚、季军得出后，由主寨寨老分别发给奖旗。傍晚，比赛结束，吹奏"散场曲"时，主寨的姑娘们手持阳布伞，挑着红木桶，满盛着甜酒摆满客人经过的道路两旁，凡过往行人，都被她们热情敬酒。比赛劳累了一天的客人们，喝上姑娘们敬献的甜酒和凉水，心清气爽，精神百倍，青年后生们就会把事先准备好的糖果、水果等送给姑娘们以示答谢。

第二天是进坪对歌的日子。上午，四乡八寨的姑娘们穿着节日盛装，撑着阳花伞，按约定的时间纷纷进歌坪，以村寨为团队坐在歌坪的草地上，用伞遮住脸面后便放开歌喉，一首接一首地唱着各种情歌。围观的人群将歌坪围得水泄不通。因为姑娘们都用阳伞挡住脸面，各村寨的小伙子们，不知他们对歌的对象围坐在哪一团，又不便入场找寻确认，于是便都要化装成"叫花子"的模样，按统一约定的时间，在歌坪上的姑娘们唱得最高兴的时候，一齐闯进歌坪里去，寻找约定对歌的姑娘们。姑娘们不准"叫花子"们辨认，使劲地用阳花伞遮挡着脸面，"叫花子"们为找到对歌对象而想方设法，顿时，整个歌坪呼声四起，待到"叫花子"们找到并确认了约定对歌的对象之后，便要用歌邀请姑娘们对歌，姑娘们用歌回答同意对歌时，"叫花子"们才一起跳入坪前的河水里洗净身上的污垢，并在指定而隐秘的地点换上事先准备在那里的节日盛装，才又一伙伙地来到歌坪与他们的对歌对象对歌。此后，整个歌坪沉浸在歌的海洋之中。对歌结束时，小伙子们为答谢姑娘们不嫌弃他们是"叫花子"，便凑钱买糖送给她们。傍晚分别时，主寨的男女青年均留客寨的朋友在自己寨上做客，并设酒宴款待。酒宴期间，又继续对歌，通宵后才各自散去。

二十一、从江洛香芦笙节

农历八月十五日，是贵州从江县六洞地区洛香侗族的传统芦笙节。这天，来自新安、皮林、庆云、大团、登岜、方良以及黎平肇兴、地坪、纪堂等地的芦笙队云集洛香，参加芦笙比赛。

相传古时候，洛香是一坝平川，土地肥沃。但是田在高处，水在低处，

洛香芦笙节

人们无法引水灌溉庄稼。逢到旱年，庄稼颗粒无收。洛香的陆姓中有一木匠因此整天沿着河岸观察，回到家比比划划，不知花了多少时日终于制成一种能引水灌田的水车，侗语叫"闷"。洛香建成水车的消息，很快传遍六洞侗乡。人们纷纷仿造，附近村寨都学会了制作水车。后人为了表示对这位发明水车的木匠的尊敬，故称他"公闷"。因为水车是在洛香发明的，又叫"闷洛"。有了水车，肥沃的土地年年有好收成，陆姓便定居洛香，世代繁衍。

为纪念水车发明者"公闷"和答谢洛香人的深情厚谊，每年发明水车的这天，人们便从四面八方云集洛香唱歌、吹芦笙，兴起了芦笙节。

节前，洛香群众便在芦笙坪上竖起一根数丈高的红漆高杆，高杆上书写着"五谷丰登"四个醒目大字，下面还挂有芦笙队的锦旗，并在坪上四周搭起木架，放上供客人喝水的水缸。洛香寨杀猪宰羊，准备过节。

节日早上，青年姑娘们身着盛装，由寨老带领，放铁炮、吹芦笙，先到各寨"社堂"喝茶，而后围绕社坛祭奠。主管"社堂"的寨老手提茶水葫芦，扛一把半撑开的黑纸伞引路，另一寨老手拿芭茅左右摆动，带领男女青年举行隆重的入场仪式。铁炮三响、芦笙三曲，参加比赛的各芦笙队便步入芦笙坪。芦笙比赛由东道主主持，首先进行淘汰赛，然后进行决赛。

洛香芦笙比赛的评比十分独特，所有参赛队同时吹奏，评判者都是德高望重的长者，他们会在芦笙坪约里许远的山坡上，全凭双耳的听觉来评定吹奏者的优劣，评出的优胜者让人心服口服。至于这些评判者靠什么诀窍来评出让人信服的吹奏队，目前还是个秘密。

黄岗喊天节

下午，姑娘们身穿盛装，撑着阳伞，肩搭洁白的毛巾，挑着盛满糯米甜酒的红漆木桶，在鞭炮声中走进芦笙坪，向来自各寨的芦笙队和客人们敬献甜酒，共庆丰收。

二十二、黄岗侗寨祭天节

祭天节也称"喊天"节、求雨节。每年农历六月十五举行，是贵州黎平县双江乡黄岗侗寨隆重的稻作节日。节日里大摆酒席，接待四方前来观看"祭天"的宾客。祭天活动传承至今，规模越来越大，四面八方宾客也越来越多，节日活动也越来越精彩。

二十三、三龙侗歌节

每年农历十月十八日前后，黎平县永从的三龙村要举行一年一度的侗歌节，时间为三到五天。三龙是九龙村和中罗村的侗名称谓。

每当节期，三龙侗寨家家户户必备佳肴美酒，盛情款待远到而来的亲朋与歌队、歌师、戏班，宾主同乐，欢度佳节，风情浓郁。

侗歌节是三龙寨一年中最隆重的节日。过节当天中午时分，身着花缎长袍的老人们，手中持伞，于寨中列队迎宾，两边芦笙奏乐，客人进寨都要喝一口萨岁茶，象征萨岁保佑平安，可免除疾病缠身。在"拦路歌""迎宾歌""进寨歌"中，盛装姑娘身着银饰，热情地向来客敬"拦路酒"。最后一关是全寨八位最漂亮的姑娘，双手捧着盛满酒的小竹杯，向客人唱"进寨歌"并向客人敬进寨酒。

来到鼓楼坪，随着铁炮三声，青年男女绕鼓楼三圈，在一行老人和十个童男童女的带领下，奏乐来到岁耶歌师场地。岁耶歌师场上摆着满桌盛席，姑娘们手提装有花带和祭品的竹篮向老人和童男童女们喊三声，先把已做好的酒席用筛子盖上，摆放好锄头、菜刀、犁、马灯、琵琶等生产、生活器具，由周边侗寨贵客用本地的歌曲——将酒桌上各种器具的来龙去脉、用途及制作方法唱出，客方罗汉唱对一件，姑娘就收一件，直到唱完姑娘们才邀约罗汉入席。姑娘们如果看中哪个罗汉就会把花带系在那个罗汉头上，然后等着罗汉来要篮子，一同祭祖歌师。

宴席间，罗汉和姑娘无拘无束地对唱，情至深处，还时不时传递秋波。如姑娘唱酒歌，大家起来喊酒，一人领唱"呀——"，其他人附和"唷——唷！"喊三声，罗汉就必须把那碗敬酒喝完，姑娘会将糯米饭或一块肉塞进罗汉的嘴里，否则就有一场酒歌对唱。如果哪方对不上歌，必被罚酒，从而引得全场欢声雷动。

侗歌节期间，还要合唱古歌，叙述祖先迁徙、习俗沿革，还跳竹篮舞、唱侗戏等。罗汉们和姑娘们在堂子里对歌，客人不退堂，主寨姑娘就半步不离。夜深了，吃罢夜宵又唱歌，直至通宵达旦。

二十四、黎平鱼冻节（甲戌节）

鱼冻节侗族人称为"祭虾"。侗族喜欢在河边溪旁居住，不但以鱼为佳肴，而且图腾为鱼，多以鱼祭祖，所以祖祖辈辈、家家户户都养鱼。稻田养鱼是侗族最古老、最普遍的养鱼方法，且产量不少。吃鱼冻、用鱼祭祀，是鱼冻节的活动内涵。

侗族鱼冻节，多在立秋后的第一个甲戌日或农历的十月十二进行，贵州黎平县内石姓、吴姓族人都过此节。节日的主要菜肴是鱼冻。节日的前两天，家家户户开田捉鱼，人们用鱼篓装上田鱼，放在河边、溪里、泉水井边的清水里一天一夜，让鱼将肚内的泥污吐净之后，于十一日的这天晚上取部分回家取胆下锅煮酸汤鱼。放上一夜之后，由于天气已经渐冷，第二天锅里的酸汤鱼成为色鲜味美的"鱼冻"，人们食之叫"吃鱼冻"。但鱼冻节不仅仅吃鱼冻，人们会在十月十二这天，把鱼加工成各种各样的节日鱼肴，如煎炒鱼、烧鱼、清蒸清煮鱼、酸鱼、鱼生、腌鱼、干鱼、鱼肠鱼蛋稀饭、鱼酱等佳肴，并把这些鱼肴端上神龛、桌案，烧香化纸，献上美酒，敬供祖先和款待四方宾客，真可谓丰富的鱼宴。

二十五、牯脏节

牯脏节是侗族古老的节日。它既有祭祀祖先的内容，亦有祝愿丰收的含义，历史上的这种活动一般每十二年举行一次，盛行于南北侗乡。但由于它的仪式正式、庄重、礼节烦琐、消费很大，因此，近百年来大多数地区业已消失，现在贵州镇远报京、剑河小广及黎平尚重等小数侗乡还过牯脏节。

"吃牯脏"那天清晨，斗牛塘扎起彩门，摆上三张大桌酒席，桌上点红烛，并以猪头祭祀。开塘牯脏头带着人们绕场三圈，然后登台念《牯脏词》，叙说牯脏来历，接着宣布牯脏规约，最后搬开桌子，牵着开塘牛入场绕三圈，放三炮。其中，众多牯牛入场各自绕场三圈，并在每一头牛上用塘中泥土点一下，表示这头牛已送给祖先，这种仪式称"踩堂"。踩塘完毕，各自牵牛回家。早饭后,三声铁炮响,将所有的牯脏牛放入场,任其大打一天一夜。第二天五更时分,三声铁炮后,开塘牛被牵到牯脏场前宰了,人们闻炮声亦将各自的牛宰杀,大吃三天。到第四天将外寨的姑娘接来塘中吹笙跳舞。笙舞完毕,将扫塘牛牵入场中作扫塘仪式。最后,牯脏节在众人欢呼声中宣告结束。

二十六、瑶白摆古节

贵州锦屏瑶白摆古节严格说来,仅仅是九寨最隆重、盛大的祭祖活动"借捐",其活动主要有祭祖,念垒词、款词,吹笙踩堂,唱古歌、大歌,举行"鞍瓦"(放牛大打)等。

在摆古过程中,时常有主客互相敬牛角酒、恭喜祝福、道贺致谢等说唱插曲来点缀。白天摆完古,晚上所有的客人都到亲戚朋友家或特意安排的农户家去参加晚宴。席上,又是摆古、喝酒、唱歌,不少主客因志趣投合常常热闹通宵。

瑶白摆古

第九章　祭祀中的酒俗

一、祭祀神灵、祖先的习俗

宗教礼仪文化是中国少数民族文化中一个重要组成部分，侗族也不例外。少数民族有很多祭祀和驱邪的仪式，酒是必备的物品。酒有除妖降魔、趋吉避凶的作用，因此，在供奉祖先，敬萨神、土地神的时候往往用酒作为供品，祈求神明保佑老少安康、六畜兴旺、风调雨顺。

在丧葬时，要用酒举行一些仪式。每年在清明上坟、祭祖时，都要带上酒和肉，以表达对死者的哀思和敬意。做道场是超度祖先亡魂的祭祀活动。道场有做五天的、七天的、九天的……天数是单数。到结束的一天，亲友、族间、寨邻要来送礼，主人要办酒招待，这就是道场酒。

祭祀土地神灵是侗族社区每年都有的习俗。只要走在田间地头，都能够看到土地庙，里面供奉的是土地公和土地婆。侗家人认为土地神掌管着一方平安、人畜兴旺，还能够威慑山上的毒蛇猛兽。所以只要到逢年过节或是遇到自然灾害的时候，人们都来祭拜土地神，以祈求平安。每年的正月初一这一天，人们都会到土地庙去祭拜土地公、土地婆。祭祀的时候，带上糯米饭、酒、香火、纸钱等，还要点上长明灯为土地神灵指路，求平安、求富贵、求健康，土地神灵在侗族人们的心里是无所不能的，并且是有求必应的。一旦你的愿望达成的话，一定要来还愿，否则就会受到土地神灵的惩罚。

萨是侗族至高无上的神灵，是人们心中的神。在侗家人的传说里，她是一位美丽、勇敢的女性。她保护着美丽的山水和善良、纯朴的侗族子民。每个侗族村寨都有一个专门祭祀萨玛的祭坛，即"萨堂"。这是侗寨最神圣的地方，只能在祭祀时间进去。每年重大事件人们都要举行"祭萨"活动，祈求保佑。"祭萨"是侗族最庄严隆重的祭祀活动，不仅具有祭祀性、宗教性，而且还有文化娱乐的性质。每年的农历三月三日，都会举行比较隆重的"祭萨"活动，全村寨甚至别的村寨的人都会聚集在一起参加。开始由专职的老人守香火，放自制的铁炮。老人一大早要把萨坛打扫得干干净净，然后由祭萨的队伍在前面引路，芦笙开道。祭萨的队伍围萨坛转三圈，转完之后，祭萨的队伍来到鼓楼前进行多耶祭萨。大家身穿民族盛装，聚集在萨坛前，同时还要选一个口碑、品行好的，而且儿女双全的妇女去扮演"萨"的替身。她用敲击火石的方式生火，点燃艾叶，这象征着萨给侗家人民带来了光明和幸福，祈求萨神保佑全寨人丁兴旺、五谷丰登。这时，鬼师对着替身的衣服和手喷酒，边喷口里还念念有词，以表示萨神已经附在这个妇女身上了。鬼师喝了酒之后就开始唱请萨神的歌：

六方请萨，萨玛没来。
南方请萨，萨乐意来。
来到这一带地方，保佑这一带村寨。
三坡四坳，五方六洞，
深山海塘，请萨上殿。

请萨完毕之后，寨与寨之间开始吹芦笙比赛。最后，大家吃先前带来的糯米粑、酒、酸鱼、酸肉。在吃喝期间，大家还以歌唱的方式来缅怀萨神，以表示对萨神的敬意。从上述事例可以看出，酒在这一系列的祭祀活动中是必不可少的，如果没有酒，整个祭祀活动几乎是无法进行的。酒既是祭祀活动中的一种祭品，也是维系民族和谐与团结的中介物，酒在祭祀活动中所表现出来的作用是整个侗民族都认同的。

萨坛祭萨

二、请神灵吃酒歌

祭祀时有请神灵吃酒的歌,如:《神灵吃酒》,共有五节。

广请神灵吃酒,保佑我们丰收。
春耕田土有水,夏锄百草不生。
秋收稻谷满仓,冬藏鼠火不愁。

广请神灵吃酒,保佑我们发富。
做事都很顺手,干啥都有丰收。
挖地挖出金银,打猎打得老虎。

广请神灵吃酒,保佑我们长寿。
是老是小安康,是男是女有福。
老的是万年松,小的如常青树。

广请神灵吃酒,保佑男孩幸福。
长得英俊逗爱,受邀唱歌跳舞。
娶得美女进家,一生享有艳福。

广请神灵吃酒,保佑女孩无忧。
长得如花似玉,织布技盖九州。
嫁得如意郎君,公婆捧为仙姑。

第一节:祭祀神灵,乞求保佑五谷丰登。在原始时代,粮食是人们的生存之本,首先乞求神灵保佑人们所种的粮食获得丰收,所以,把这一求神项目摆在第一位。

第二节:祭祀神灵,乞求保佑家业兴旺。在吃饭的问题有了保证之后,就追求家业兴旺,走向富裕。只有家业兴旺,才能长治久安,保证生活过得幸福快乐。

第三节:祭祀神灵,乞求保佑老人安康长寿。生活有了幸福快乐,人不长寿,享受不了人间的好处,也是最令人遗憾的,但长寿不是人人都可以实现的,因此,必须祈求神灵来保佑人们,特别是老人们健康长寿,以便在世上多活几年,享受人间的幸福快乐。

第四节：祭祀神灵，祈求保佑男子娶得美妻。娶得美妻也是人生的一大追求。作为一个男子，没有妻子匹配，人生就会失去很多快乐。追求异性无疑是人们的正当需求。男子追求美丽的女子作为妻子，不仅是幸福生活的需要，也是对美的最大追求。俗话说："爱美之心，人皆有之。"男人爱慕并追求美丽的女子，正是爱美心理的一种表现。所以，在民间，人们有了这种爱美之心，往往就羡慕别人家漂亮的女孩子，羡慕别人家娶得美丽的媳妇。反之，如果家里姑娘长得不美，娶来的媳妇有些丑，往往就被人瞧不起，心里很不好受。那么，在祭祀神灵、祈求赐福时，人们当然少不了要祈求艳福了。

第五节：祭祀神灵，祈求保佑女子织布织得精美。民间社交是很重视穿着打扮的。俗话说，佛靠金装，人靠衣装。看来穿着打扮很值得讲究，它是体现一个人外表形象美不美的重要凭借。现在在不少大中城市的宾馆、饭店和夜总会等公共场所，都讲究着装，明示"衣冠不整者免进"。要想穿着好、打扮好，必须服装要好，而服装要好，在古代社会里主要靠布料好，因此，求神赐福时，也少不了祈求神灵保佑家中女子织布织得精美。

《神灵吃酒》表达请神灵来喝酒的意图，目的是通过请神灵来吃酒，然后祈求神灵保佑得福。古人使之必报之，用之必饷之，所以才用东西祭祀神灵，犒劳他们，以祈求他们福佑。从中我们可以看到，请神者行为的功利性非常明显。

第十章 酒　令

酒令由来已久，开始时可能是为了维持酒席上的秩序而设立"监"。总的说来，酒令是用来罚酒，但实行酒令最主要的目的是活跃饮酒时的气氛，何况酒席上有时坐的都是客人，互不认识是很常见的，行令就像催化剂，能够使酒席上的气氛活跃起来。

饮酒行令，不光要以酒助兴，还要有下酒物，而且往往伴以赋诗填词、猜谜行拳之举，需要行酒令者敏捷机智，有文彩和才华。因此，饮酒行令既是古人好客的传统表现，又是他们饮酒艺术与聪明才智的结晶。

在侗乡，酒令分雅令和通令。

一、雅令

雅令的行令方法是：发令官或出诗句，或出对子，或出绕口令，其他人按首令之意续令，所续必在内容与形式上相符，不然则被罚饮酒。行雅令时，必须当席构思、即席应对，这就要求行酒令者既要有一些才华，又要敏捷机智，所以它是酒令中最能展示饮者才思的节目。例如，发令官出一令，要《千家诗》一句，下用俗语二句含意，并说："旋砍生柴带叶烧，热灶一把，冷灶一把。"若是在结婚酒夜筵上，舅爷可续："杖藜扶我过桥东，左也靠你，右也靠你。"其他人也要按这形式和含义说令。在座八人说令完毕后，则另推其中一人作行令官行令。这位发令说："单禾本是禾，添口也成和，除却禾边口，添斗便成科。谚曰：'宁添一口，莫添一斗。'"下一人可续："单羊本是羊，添水也成洋，除却水边羊，添易便成汤。谚曰：'宁吃欢喜汤，莫吃皱眉羊。'"说完一轮，又推其中另外一人作令官发令。这样令来令去，直到兴尽方止。

二、通令

在侗乡，通令主要是"划拳"。

即用手指中的若干个手指的手姿代表某个数,两人出手后,相加后必等于某数。出手的同时,每人报一个数字,如果甲所说的数正好与加数之和相同,则算赢家,输者就得喝酒。如果两人说的数相同,则不计胜负,再来一次。划拳中拆字、联诗较少,说吉庆语言较多。这些酒令词都有讨吉利的含义。

席上饮酒,猜拳也有拳令。首先要恭请在座的舅公、舅父或老人"开令",然后才能喊拳出指。三朝酒来客以外婆、舅妈、姑婆、姑妈、姨妈、表姐妹为主,酒令为"汤饼之会";好事酒来客较多,各色人等都有,大家有缘千里来相会,酒令为"双逢喜";生日酒酒令为"满福禄寿";吃年酒为"新年财"和"新年大发"。但是如果有老一辈在座,则需在酒令之前套上"全福寿"等辞令向老人表示敬意。如果是平辈人,则双方在喊酒令前先喊一句"兄弟好",然后再喊酒令。双方都出空拳喊"宝一对",凡一至十的数字皆有名目,如一点状元、二度梅(或"哥俩好")、三星高照、四季发财、五经魁首、六六大顺、七姊妹(七巧成图)、八马跑、九快发、十全十美。

三、"嗨莱学"酒令文化

在侗族南部方言区每个节庆、节事、亲戚朋友相聚的活动中都怒放着同样的一朵酒文化的奇葩,响亮着同样的一个无伴奏、无指挥、多声部的好乐章——"嗨莱学"。

"嗨莱学"是侗家人饮酒助兴的一种特有方式。它的不同,一方面,体现在不推举酒令官,不听令轮流说诗词、联语或其他类似游戏等,凡是酒桌上的人,不分男女,任何人都可举杯,并能促动全桌的人异口同声地欢呼"嗨莱学"。另一方面,体现了"嗨莱学"富有侗族歌舞文化的感情色彩。"嗨莱学"酒文化语言语音较为古朴、单纯、彻底、清脆,译为"预备""一起来"之意。"嗨莱学"是前缀,它的后缀即后半句有两个声部:第一声部是"罕了喔呼""嗦了喔呼",用汉语译为"大家一起喝",这声部是拉开饮酒序幕的前戏;第二声部是"罕了喔呼""嗦了喔呼",用汉语译为"一起干"。第一声部与第二声部虽然只有"罕"与"嗦"的区别,即"喝"与"干"之意,但其蕴味不同,本质不同。

"嗨莱学"是侗家人豪情满怀、愉悦心境的直接表露。"今人饮酒,不醉不欢,古人皆然,唯醉必由于劝酒。古人习以冠带劝酒,劝而不从,饮不尽兴,自生佐饮助兴之趣。"所谓酒令,"嗨莱学"即由此而生,沿习成俗，并流传至今。"嗨莱学"不分性别、不计身份、不论熟生，不选人群，一律平等相待，从未厚此薄彼，因而充满着侗家人的豪情、诚实与憨厚，充满着侗家人的"真善美"。

"嗨莱学"是辅助提高语速、锤炼语言、疏通语法的一本酒文化宝典。在酒席上，饮酒多的人，言语偶尔词不达意，冗长哆嗦。此时，如果一阵欢呼，一声"嗨莱学"即可梳理双方很多言语中的粗枝大叶和冗长，并迅速促动双方联谊干杯，进一步拉近感情。

可以说，在侗族酒文化的绵绵山脉里，"嗨莱学"是一座奇峰，在侗族酒文化的滔滔长河中，"嗨莱学"是一朵浪花。

第十一章 酒 具

　　酒具，是酒文化最原始的载体。酒具包括盛酒的容器和饮酒的饮具，甚至包括早期制酒的工具。有了酒具，酒在进入我们的胃肠之前，才有了诗意的停泊，才有了量定的情谊，才有了"感情深，一口闷"和"感情浅，舔一舔"的席间俗语，才有了"茂林修竹"和"曲水流觞"的兰亭雅事，才有了"玉碗盛来琥珀光"和"金樽美酒斗十千"的别样情致，因此演绎了"李白斗酒诗百篇，天子呼来不上船"的传世风流。酒有黄酒和烧酒之分，酒具有金、石、玉、瓷、犀角与奇木等材质上的区别，又有樽、壶、杯、盏、觞与斗等器型上的分类。酒具的优劣，可以体现饮酒人不同的身份；酒具的演变，可以观照时代的变迁。

　　侗族民间酒具的制作与运用，是侗族酒文化的构成要素之一，表现了侗族利用自然及改造自然的能力、水平和特色，充分体现出侗族对生存环境的认知以及审美趣味等精神文化的特质。侗族使用的酒具一般有以下几种。

一、金属酒具

侗族地区发现清代的三足铜爵

侗族地区出土的元代银酒碗

侗族银壶银杯 　　　　　侗族银壶

二、木制酒具

侗族木酒海

三、兽角酒具

侗族牛角酒杯

四、竹制酒具

侗族竹制酒壶

五、葫芦制酒具

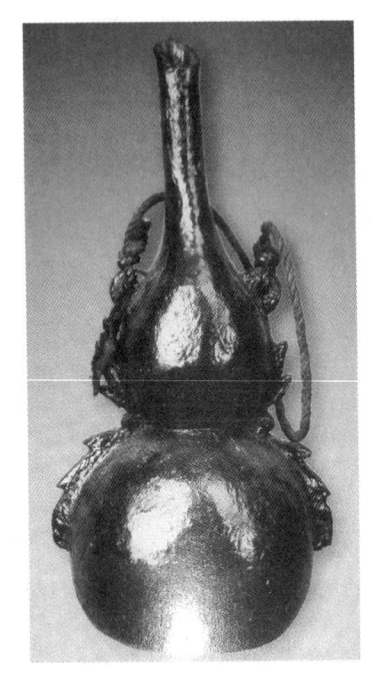

侗族匏制酒壶

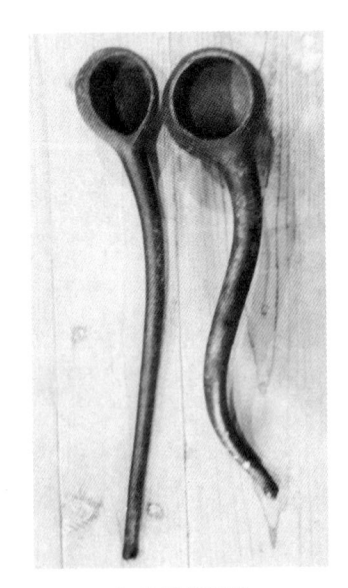

侗族葫芦酒瓢

六、陶制酒具

陶制酒壶

陶制酒罐

陶制酒海

第十二章　饮酒观

一、劝酒

（一）劝人饮酒的方式

侗家人的好客，在酒席上发挥得淋漓尽致。人与人的感情交流往往在敬酒时得到升华。侗家人敬酒时，往往都想对方多喝点酒，以表示自己尽到了主人之谊。客人喝得越多，主人就越高兴，说明客人看得起自己；如果客人不喝酒，主人就会觉得有失面子。有人总结到，劝人饮酒有如下几种方式："文敬""武敬""罚敬"。这些做法有其淳朴民风遗存的一面。

其中，"文敬"是传统酒德的一种体现，即有礼有节地劝客人饮酒。

酒席开始，主人往往讲上几句话后，便开始了第一次敬酒。这时，宾主都要起立，主人先将杯中的酒一饮而尽，并将空酒杯杯口朝下，说明自己已经喝完，以示对客人的尊重。客人一般也要喝完。

"回敬"，是客人向主人敬酒。

"互敬"，是客人与客人之间的"敬酒"。为了使对方多饮酒，敬酒者会找出种种必须喝酒理由，若被敬酒者无法找出反驳的理由，就得喝酒。在这种双方寻找论据的同时，人与人的感情交流得到升华。

"代饮"，是既不失风度，又不使宾主扫兴的躲避敬酒的方式。本人不会饮酒，或饮酒太多，但是主人或客人又非得敬上以表达敬意，这时，就可请人代酒。

（二）祝酒词

在侗乡凡有喜庆，以歌相贺的同时还要致祝酒吉利词。新娘出阁酒祝曰："凤去龙来""天作之合"；结婚酒祝曰："花好月圆""乾坤定喜""举案齐眉"；三朝酒为："长命富贵，易养成人"；乔迁曰："万载兴隆""家发人兴"；祝寿曰："四季康泰""福如东海，寿比南山"；葬礼则曰:"阴安阳乐""寅葬卯发"等等。

二、过量饮酒的危害

大量饮酒,尤其是长期大量饮酒,会造成人机体营养状况低下,其原因分为两方面。一方面大量饮酒使得碳水化合物、蛋白质及脂肪的摄入量减少,维生素和矿物质的摄入量也不能满足要求;另一方面,大量饮酒会造成肠黏膜的损伤及对肝脏功能损害,从而影响几乎所有营养物质的消化、吸收和运转。急性酒精中毒可能引起胰腺炎,造成胰腺分泌不足,进而影响蛋白质、脂肪和脂溶性维生素的吸收和作用,严重时还可导致酒精性营养不良。

酒精对肝脏有直接的毒性作用,吸收入血的乙醇在肝内代谢,造成其氧化还原状态的变化,从而会干扰脂类、糖类和蛋白质的营养物质的正常代谢,同时也会影响肝脏的正常解毒功能。一次性大量饮酒后,几天内仍可观察到肝内脂肪增加及代谢紊乱。乙醛是乙醇在肝脏中代谢过程中的一种中间产物,是一种非常强的反应性化合物,是已知酒精所致肝病的主要原因之一。长期过量饮酒与脂肪肝、肝静脉周围纤维化、酒精性肝炎及肝硬化之间密切相关。在每日饮酒的酒精量大于50克的人群中,10年至15年后发生肝硬化的人数每年约为2%。由于肝硬化而死亡的人群中有40%由酒精中毒引起。过量饮酒还会增加患高血压、中风等疾病的危险,并可导致事故及暴力的增加,对个人健康和社会安定都是有害的,应该严禁酗酒。另外,饮酒还会加患乳腺癌和消化道癌症的危险,且对骨骼造成一定程度的影响。酒精对骨骼的影响取决于饮酒量和期限,长期过量饮酒使矿物质代谢发生显著变化,例如血清钙和磷酸盐水平降低及镁缺乏,这些都可导致骨骼量异常,容易增加骨质疏松症的发生,容易导致骨折。长期过量饮酒还会导致酒精依赖症、成瘾以及其他严重的健康问题。

为了自己和他人的健康,为了彼此的幸福,饮酒一定要有节制,这种节制不能以醉酒为界,而是要以不损害健康为限。中国营养学会建议,成年人适量饮酒的限量值是成年男性一天酒精量不超过25克,相当于啤酒750毫升,或葡萄酒250毫升,或38度的白酒75克,或高度白酒50克;成年女性一天饮用酒的酒精量不超过15克,相当于啤酒450毫升,或葡萄酒150毫升,或38度的白酒50克。对于一些喜欢饮酒的人,特别是喜欢饮用高度白酒的人,可能会感到不够尽兴,但应该从保护健康的角度做出明智的选择,自觉地限量饮酒。

侗家人一向提倡文明饮酒,不提倡过度劝酒。侗族民谚说:"酒在坛中人弄酒,酒在肚中酒弄人。""男人醉酒打轭叉,女人醉酒烂冬瓜。"告诫人们不要醉后失态、丢丑和酗酒闹事。关于保持醉后头脑清醒的问题，侗族民间有一句顺口溜："喝酒不醉有秘方，多吃菜来多喝汤。酒后一杯淡盐水，延年益寿又健康。"劝人不要贪杯的俚语有："中午喝酒不要醉，免得干活打瞌睡""晚上喝酒不要多，免得老婆讲啰嗦""酒是人吃的，糟是猪吃的"。话虽如此，但是侗家对醉汉却总是宽容的，很忌讳"酒鬼""酒癫子"之类的语言，见酒后脸红者谓之为"火烧坡"，呕酒则作"卡得羊子了"。

三、侗族劝世酒歌

侗族民间的劝世酒歌劝人们不要好酒贪杯。《酒色财气歌》是侗族民间歌师吴文彩编的一首劝世歌，一直在民间传唱到现在，已经成为侗歌的经典作品。《酒色财气歌》的译文如下：

酒

喝到好酒莫贪杯，从来酒醉惹人嫌。
会坐桌子就要会起身，莫要没完没了贪杯在后边。
饿饭十天人要死，饿酒十日照样活得鲜。
喝酒总得有个量，莫要贪杯卖光老秧田。

《酒色财气歌》里的"酒"歌，一劝人们不要好酒贪杯。因为好酒贪杯的人没完没了地喝酒，主人家难得侍候。吃酒席的人都散去了，好酒贪杯的人还在没完没了地喝，拖延在后头，主人家等待收拾的时间太长，很不好办。二劝人们不要喝醉。因为喝醉了酒，往往会丑态百出，从来都遭人嫌；喝醉了酒，往往会出言不逊、话语伤人，影响和谐相处；喝醉了酒，往往会手舞足蹈，出手伤人、寻衅滋事，扰乱社会治安；喝醉了酒，往往会发酒疯，打老婆、打儿女、打家具、打前来相劝的人，弄得鸡犬不宁，甚至酿成祸事；喝醉了酒，往往会找平时有怨恨的人报复，于是，放火杀人，走上犯罪的道路。酒是可口的东西，但若不注意，就会深受其害。所以，劝人们千万保持清醒的头脑，不要喝醉。三劝人们不要败家，因为"饿饭十天人要死，饿酒十日照样活得鲜"。人生在世，要想活命，必须吃饭，但是，不喝酒对人的生命并无什么影响。所以，酒可以不喝，可以戒掉，尤其是经常因喝酒误事的人应该自觉戒酒，身体有病的人也应戒酒。不论是经常喝酒与外人发生纠纷，还是经常喝酒导致身体健康受损坏、生病、丧失劳动力，甚至死亡，结果都会导致败家。如果天天打酒喝，喝光了家产，甚至把老祖宗留下来的老秧田——家业的根基也卖来买酒喝，那更是地地道道的败家崽。所以，劝人们喝酒要有个度，有个限量，否则，就会带来不好的结果。

就如另一首《劝酒歌》中在掂量酒的益处害处之后，告诫人们要适量饮酒，切莫贪杯醉酒。其译文如下：

> 酒是米中精，万颗才一斤。
> 喝多要误事，喝少可提神。
> ……
> 少饮能活血，过量把人伤。
> 都言醇和美，谁知其中章；
> 劝君莫醉酒，举杯应思量。

除此以外，在侗乡还流传有很多劝人莫饮过量酒的歌。如《劝君莫饮过量酒》：

> 人生不耐时光磨，对镜方知白发多。
> 要寻返老还童剂，对酒高歌当良药。
>
> 人间酒歌满农家，老老少少喜爱它。
> 劝君莫饮过量酒，青茶当酒长生法。
>
> 人生一世不长久，本应欢乐过时光。
> 要寻返老还童剂，轻歌当酒是良方。
>
> 饮酒作乐要唱歌，歌解忧愁真良方。
> 劝君莫饮过量酒，醉酒癫狂失礼约。

第十三章　酒　歌

侗家遇酒必歌，酒与歌相生相伴，并由此衍生了丰富多彩的酒歌。吉庆宴饮、亲朋团聚、好友共餐都要唱酒歌。酒歌有用侗语演唱的，也有用汉语演唱的，或用侗、汉语夹杂演唱。多半是用以表示敬仰、恭维、祝贺、夸赞、相劝、感谢等方面的内容。其种类有三朝歌、满月歌、周岁歌、好事歌（包括迎亲歌、伴嫁酒、酿海歌）、贺新婚歌、祝寿歌、留客歌等。

下面是流传于侗乡的各种传统酒歌。

一、结亲问话歌

客：你家门前花一蔸。一朝得见心想谋。
　　不晓姻缘就不就，大胆来向贵府求。

主：昨夜三更得一梦，梦见鱼塘现匹龙。
　　只想今朝涨大水，哪想燕子进茅棚。

客：贵府门前好蔸梅，清香随风四方飞。
　　那日得见心起意，一心想来打墙围。

主：没到时间花没香，莫是你家有蜂糖？
　　若是为花这样想，真情实意好商量。

客：听你出言很实在，路要修来井要开。
　　粗言糙语把话问，下回我该怎么来？

主：前人传下周公礼，层层步步按礼为。
　　世上有样几多几，上口来讲太不必。

（吴展明、周昌武搜集整理）

二、插毛香歌

1. 天开黄道在于今,日出东海见天明。
   择取吉日八百载,乾坤初定一匹金子一匹银。

2. 天开黄道在于今,两姓联姻一家亲。
   初定乾坤双双喜,五百年前修作成。

3. 好个堂屋四四方,高曾祖考坐中堂。
   初定乾坤双双喜,要结地久与天长。

4. 千修万修两姓修,洛阳桥头栽石榴。
   石榴开花自有果,一同立碑在桥头。

5. 美酒杯中清又清,洛阳桥上起凉亭。
   后起凉亭先起墩,桥头立碑永留名。

6. 玉壶酌酒满尖尖,世人求佛想登仙。
   两边同修洛阳墩,洛阳成功五百年。

7. 那年原起这番意,八仙摆下这盘棋。
   初定乾坤思万载,永远稳固同着力。

8. 未曾吃酒先闻香,未见太阳先见光。
   承蒙贵府不嫌弃,结亲结义久久长。

9. 起根起脚一同起,铁打栏杆一同围。
   无路今朝开成路,莫送栏杆上潮泥。

10. 美酒吃来香又甜,黄金难买这一天。
    今日得吃这杯酒,全靠君子来作圆。

(吴展明、周昌武搜集整理)

三、送篮子歌（送猪头歌）

1. 是话往天讲清楚，几层几步开了头。
   吉日良辰动步走，才是放炮进你屋。

2. 一心抬岩把桥架，一心关风来催花。
   起有谋心真不假，要谋好花到手拿。

3. 礼物轻重讲不尽，关门说话一家人。
   今朝起了洛阳墩，要雕狮子伴麒麟。

4. 雀鸟做窝选好树，好花当阳人人褒。
   今朝得走这一步，天从人愿真有福。

5. 我来山坳安套索，莫送画眉飞过坡。
   人也唯愿我唯愿，这回算是靠得着。

6. 子牙无钩鱼上钩，鸡蛋圆圆同上箍。
   承蒙不嫌来关顾，才免我去四方求。

7. 同上高山要上登，划船过海可莫分。
   桥头打表要打稳，要你关顾奔前程。

8. 江水滔滔去得急，同船下江同着力。
   高挂风帆莫大意，凭它狂风怎样吹。

9. 承蒙不嫌恩在先，今朝定下这姻缘。
   放心一步少挂念，蓝田种玉望来年。

10. 栽花只望花定根，栽树只望树成林。
    四面围墙关栏紧，任它狂风大雨淋。

11. 各州各府我问过，没得哪处讲得合。
    只有你留好花朵，留给我家来理藩。

12. 蜘蛛织网在半山，翠鸟做窝在河边。
　　乾坤定了稳又稳，凭人羡慕两家缘。

13. 亲朋一众都欢喜，洛阳桥头同立碑。
　　桥头立碑作标记，从今以后好好为。

（吴展明、周昌武搜集整理）

四、商量过礼歌

1. 太阳出来照常亮，十五月亮团又光。
　　又转这团来看望，稳稳移步久久长。

2. 亲戚关顾将就将，往来走得路面光。
　　今天来把礼信讲，该讲的话莫包藏。

3. 我不问小不问大，问你房族来几家？
　　花园酒水开多少？高章礼信怎么拿？

4. 人熟礼生我要问，书子几封要讲清。
　　车马唢呐花烛等，讲明回去好执行。

5. 是肉是酒讲了数，一一二二记心头。
　　按礼还得主关顾，没有道理办不足。

（吴展明、周昌武搜集整理）

五、讨八字歌

1. 是话满盘都讲尽，酒也吃得醉醺醺。
　　房族舅爹已封赠，请报年庚为把凭。

2. 三皇五帝留有古，红纸折成鸾凤书。
　　请求父母开金口，我带笔墨来取录。

3. 我像猴子手脚糯，扳住梭罗紧紧拖。
鸾书红纸已折妥，要求八字上六合。

4. 谢天谢地谢龙恩，父母堂前开年庚。
我拿年庚去排定，预报佳期给老人。

（吴展明、周昌武搜集整理）

六、预报佳期歌

1. 通书看了无数本，年庚排了无数番。
佳期定好来预报，礼不周到望海涵。

2. 年月日时选定妥，姻缘配就天作合。
我拿佳期来预报，你也放心我宽乐。

3. 天缘配就很相当，今天预报给爷娘。
先生推算都夸讲，佳偶天成幸福长。

（吴展明、周昌武搜集整理）

七、嫁女酒歌

（一）父母恩深难分离

1. 八仙离了桃源洞，清明阳雀飞过山。
到了春分鱼逃散，春分色散填水塘。

2. 莫说金贵银也贵，父母恩深难分离。
子规夜啼情难尽，不信东风唤不回。

3. 阴阳造就分男女，是男是女难强求。
于归之期古来有，都是前头古人留。

（王瑞钧搜集整理）

（二）好日好时分花秧

1. 眼看今日分花秧，细思细想痛人肠。
   只想生来同娘坐，头发不齐又离娘。

2. 好日好时分花秧，一园分花两园香。
   他家为男君为女，双双惟愿儿女强。

3. 今日堂前分花秧，说到分花痛心肠。
   想到当初栽花日，什么苦情都得尝。

4. 好日好时花成双，君莫把苦闷心肠。
   若男不婚女不嫁，哪有世界闹洋洋。

5. 想到今日分花秧，风吹梭罗扭在肠。
   扭在心肠按在肚，泪眼汪汪可怜娘。

6. 年开月利花成双，乾坤相配岁月长。
   前头古人留的礼，女生外向管钱粮。

7. 寒家今日把花分，晴天朗朗起风云。
   扯苑萝卜空团地，教我怎样填得平。

8. 好日好时凤离山，鲤鱼春分换水塘。
   扯苑萝卜栽青菜，姑娘去了媳妇来。

9. 寒门今日分花朵，古礼留下奈不何。
   眼看今日花分去，忍泪陪客来唱歌。

10. 九天大开龙换海，金龙跳进深海塘。
    塘深万丈好炼宝，永管乾坤万年长。

11. 我家立夏才栽姜，哪想夏至又离娘。
    今日离娘他乡去，活活扯断娘心肠。

12. 金凤离山走他乡，鲤鱼要归养鱼塘。
    鸟要飞来女要嫁，皇家公主也离娘。

13. 多年辛苦把花栽，一心料理花登台。
    今日花树芳见朵，花才开放又离台。

14. 好日好时龙换海，东海换到西海来。
    龙换海塘管世界，老的放心少宽怀。

15. 寒家今日分花秧，风吹绿叶动忙忙。
    从此离娘他乡去，不痛人心痛人肠。

16. 今日分花君莫忧，男婚女嫁古人留。
    女生外向他乡客，家家有进又有出。

17. 主家今日分花秧，难分难舍养花娘。
    可怜世间分花母，不分也难分也难。

18. 一言奉劝养花娘，时到分花莫悲伤。
    娘家原是滩头水，婆家才是养鱼塘。

（潘作秀、欧阳家泉搜集整理）

八、接亲酒歌

（一）预贺来年生贵子

1. 哥来敬酒不敢当，还有老人坐中堂。
   若是把我先敬起，我来领酒恐怕两边有人谈。

2. 哥先端杯妹不领，堂上还有老年人。
   有老不敬不成礼，莫让旁人笑我们。

3. 哥端杯来心不忍，喝是难喝吞难吞。

敬酒情意妹领下，邀你转杯先敬席中众老人。

4. 礼信不周话说过，妹接哥杯好比八仙过黄河。
   人爱人和只讲礼义不讲酒，我俩平平喝下心才乐。

5. 一杯去了二杯来，春风吹动百花开。
   因为你家的好事，转邀一杯哥不嫌弃伸手来。

6. 借花献佛敬一杯，因为好事才相识。
   转手端杯恭贺主，百年偕老同同坐登一百一。

7. 喝一杯，良缘凤缔好日时。
   敬哥喝杯宽心酒，乾坤配定老人落心少乐逸。

8. 哥莫推，先喝我妹这一杯。
   预贺来年生贵子，佳期选定人马一定要转回。

（吴展明、周昌武搜集整理）

（二）感谢主东仁义深

1. 鸳鸯成对喜盈盈，主东仁义海洋深。
   没有良言来恭贺，转回家乡传你名。

2. 凤凰齐飞人人爱，是亲是友喜开怀。
   佳肴美酒席上摆，这样厚意又有哪个比得来。

3. 主人义重情不薄，山珍海味样样多。
   这种情义我是今朝才见过，千言万语讲不完是讲不完。

4. 金杯银盏酒百坛，主东情义重如山。
   有口吃来无口谢，拿到四海去传扬。

（吴展明、周昌武搜集整理）

（三）双手端杯敬贵客

1. 双手捧杯敬贵客，礼义不周原谅些。
   越岭翻山汗水未干又熬夜，洗尘二杯奉敬贵客应该接。

2. 凉风吹送我出行，驾雾腾云到贵村。
   百忙之中为我筹备美酒等，借你金杯转手回敬贵主人。

3. 金鸡飞过九重岭，驾雾腾云到我门。
   淡酒一杯莫嫌弃，这杯不领莫让世上人谈人。

4. 桂馥兰香花鸟语，因为良缘才得同桌捧玉杯。
   日夜操劳话说不苦实是苦，这杯美酒要你主人喝下心才服。

5. 席前交杯讲酒礼，自古传来人人知。
   真心实话告诉你，昔日备办只等今朝客来吃。

6. 万丈高楼从地起，这个道理人犬知。
   先把舅公来敬起，然后我们一同吃。

7. 这话讲得有道理，怪我主人礼不知。
   没请舅公中堂坐，舅公不在这杯喜酒请你贵客莫推辞。

8. 谈了很多的酒礼，才知舅公没入席。
   手摸心头细细想来多自愧，佳肴美味不该背着舅公吃。

9. 讲到这里我自愧，安排不好舅公今朝才缺席。
   既是舅公不到就请贵客先领起，后来补礼也不迟。

10. 既然礼节可以补，我向主东提要求。
    先把舅公礼补后，后来再领可以不？

11. 贵客良言真可赞，好似江水奔下滩。
    自古有言大人肚内通牛马，替我原谅伸手容易缩手难。

12. 双红喜酒杯杯浓，喝在口头乐心中。
    我向主东提建议，平饮这杯满堂红。

13. 席前交杯又交情，语去言来讲不清。
    推去推来不肯饮，问你嫌弃哪一层。

14. 主东仁义像海深，满桌盛席待客人。
    不会讲来我先领，不觉得罪一堂人。

15. 天上无雨打空雷，桌上无酒摆空杯。
    不得哪样来招待，空坐一宵替我遮盖莫传名。

16. 桌子高来板凳低，桌子上面酒满席。
    龙肉海味样样有，喜酒喝后转回家乡好好传颂这一席。

17. 同端起，平平同喝酒一杯。
    亲上加亲恩爱重，子孙后代依然同坐还同吃。

（杨秀生搜集整理）

（四）自古良缘由凤缔

1. 自古良缘由凤缔，从来佳偶自天成。
   鹊桥架成有缘分，鸳鸯成双凤和鸣。

2. 天定良缘在今朝，天作之合不用挑。
   天成佳偶结良眷，天长地久乐陶陶。

3. 你家门前挂有榜，人欢马叫闹洋洋。
   堂中鸾凤结成对，喜鹊含梅来朝阳。

（吴展明、周昌武搜集整理）

（五）一切简慢贵客人

1. 小小燕雀配成婚，惊动凤凰下天庭。
   大驾光临茅舍坐，一切简慢贵客人。

2. 你家门前桂花香，蜜蜂闻花来采糖。
   好事门上挂金榜，我是空手撂脚来朝阳。

3. 小小鱼儿配成双，哪想惊动海龙王。
   难得贵客落贱地，金凤来与鸟朝阳。

4. 蚂蝗不能听水响，蝴蝶哪能闻花香。
   龙配佳偶设美宴，远近小鸟飞来尝。

5. 干塘幸得鱼来养，小沟荣幸进龙王。
   薄酒青菜摆桌上，端杯淡酒请客尝。

6. 桃园主人本大方，丰筵美酒待客尝。
   我是庸人不知礼，感谢主人去传扬。

7. 心中想学北海主，愧对江南席上疏。
   我是本想做脸面，家寒无奈拿不出。

8. 你像齐国孟尝君，爱客尊贤远传名。
   家中宾客常常满，划拳唱歌闹忱忱。

9. 怎敢比起孟尝君，爱客不过是虚名。
   希望贵客莫夸奖，拿个水瓶当酒瓶。

10. 孟尝天天把宴设，大仁大义厚礼节。
    一生未离仁和义，门庭不断三千客。

11. 孟尝家中本爱客，席上佳肴任摆设。
    人生世上都爱好，愧我家寒拿不得。

12. 仁义堂中无限乐，芝兰盈庭喜气多。
    六亲百客都坐满，三牲美味摆满桌。

13. 茅屋寒舍喜气多，全靠亲朋来庆贺。
    六亲百客都坐满，粗茶淡饭奈不何。

14. 主东仁义似海深，盖过齐国孟尝君。
    龙肉海味摆得有，五湖四海远传名。

15. 刘备驾到东吴地，愧我孙权待得低。
    席上荒疏不成礼，粗茶淡饭一切简慢众亲戚。

（六）兄弟举杯齐贺主

1. 人生虽然共天地，人在东来人在西。
   五百年前修得好，才得千里共一席。

2. 你在东来我在西，哪想一时遇良机。
   天缘有幸遇着你，好似子牙调子期。

3. 先生大名传四方，小弟早想访仙乡。
   此地喜遇诸葛亮，免我三拜上南阳。

4. 杨梅开花不闻香，凡人哪得坐仙乡。
   莫夸我是诸葛亮，我是书童守书房。

5. 小弟早已闻大名，今日喜遇老先生。
   喜遇姜公钓渭水，免我三拜上昆仑。

6. 樵夫岂敢称大名，小人怎敢称先生。
   请莫把我比姜公，子牙学仙在昆仑。

7. 孔明坐在卧龙岗，阴阳八卦袖中藏。
   不是徐庶先生讲，有眼不识紫金梁。

8. 孔明坐在卧龙岭，为避世乱把田耕。
   我是马徽来游逛，你莫当我是孔明。

9. 子牙稳坐钓鱼台，阴阳八卦袖里排。
   不是武吉把路带，有眼不识栋梁材。

10. 子牙钓鱼在渭水，时运不来该倒霉。
    卖盐生蛆谁遇过，只有子牙遇头回。

11. 不辞劳苦游四海，不遇先生又转来。
    不期而遇贤才驾，不亦乐乎喜开怀，

12. 从来鱼性知得水，自古蝶意只恋花。
    今日喜遇知音伴，急水滩买共船扒。

13. 初相交，遇着仁兄义气高。
    黄金白银虽然贵，难比仁义半分毫。

14. 今日遇你人合意，暗暗欢喜话准提。
    心想与你交朋友，又愁难得敲木鱼。

15. 交朋结友讲和顺，横柴难得进灶门。
    和气二字是根本，花花轿子人抬人。

16. 人生在世如烟云，不约而同贵如金。
    本来相识游天下，知音的伴有几人。

17. 喜庆筵中初相见，知音的话如蜜甜。
    兄弟若想永结好，要学古人进桃园。

18. 兄弟桃园三结拜，精诚团结不分开。
    只有今生是兄弟，再无二世又同来。

19. 兄弟结交如手足，有幸同喝富贵酒。
    主家今日龙配凤，明年紫燕唱枝头。

20. 六亲百客来庆贺，恭贺天长地又久。
    我俩举杯齐贺主，荣发富贵万年福。

（龙范亨搜集整理）

（七）不会唱歌难开腔

1. 不会栽秧难成行，不会唱歌难开腔。
   眼前几多英雄将，小兵哪敢上战扬。

2. 直言拜上歌行家，不会唱歌把你拉。
   深山无路害你走，干田无水害你耙。

3. 老歌手，随口唱来歌如流。
   壶内经常不断酒，唱歌就像井水流。

4. 麻布洗脸初相会，算盘怕打九九归。
   胆小的人怕雷响，无歌的人怕歌激。

5. 田中蚌壳怕开口，水底螺丝怕抬头。
   鲁班面前怕弄斧，歌师面前唱不出。

6. 心中爱歌口难应，口吃黄连苦在心。
   坐在一旁当徒弟，做个酌酒提壶人。

7. 手中无线难穿针，树上无叶难遮荫。
   肚内无歌口难唱，开日唱错怕谈人。

8. 不会打铁炉边混，不会弹琴旁边听。
   不会扒船岸上走，坐船望靠掌舵人。

9. 种田人怕六月早，扒船人怕下陡滩。
   小弟不才靠兄长，切莫放弟一人难。

10. 自愧初来又初到，走路不知矮和高。
    逢山靠你帮开路，遇水靠你帮搭桥。

11. 老兄唱歌像浪潮，一浪更比一浪高。
    鳌鱼下水千重浪，蚂蟥下水两头摇。

12. 先生唱歌像水流，暗自喜欢在心头。
    承蒙不弃来帮助，教我一首好开头。

13. 小弟才进长安街，今日有幸遇贤才。
    出口成歌唱不尽，难怪先生受人抬。

14. 近水才能知鱼性，近山才能知鸟音。
    自愧无才难出口，麻雀难比凤凰鸣。

15. 顺水扒船不用缆，顺口吹火不用扇。
    先生唱歌是老手，扁担吹火火也燃。

16. 不是夸，先生唱歌是行家。
    不是海水水不大，不是老姜味不辣。

（杨通显搜集整理）

（八）鸾凤和鸣在今天

1. 为妹席上先端杯，敬哥一杯表心意。
   借花献佛来敬酒，望哥领酒才落一。

2. 谢姐心意把杯端,要讲敬酒讲不完。
　　因为今日龙配凤,大家才到这一团。

3. 佳偶天成共酒席,席上同举鸾凤杯。
　　敬酒是情领是意,礼信不到望哥提。

4. 鸾凤和鸣宴华堂,弟来敬酒理应当。
　　若姐饮了这杯酒,鸳鸯配对百年长。

5. 酒席堂前礼义兴,敬酒领酒是常情。
　　因哥比妹年纪大,当然该哥先领情。

6. 喜事成双同交杯,共贺龙凤得齐眉。
　　姐是聪明知礼义,弟敬姐酒应先吃。

7. 哥是天下的彩云,妹是水上的浮萍。
　　哥敬妹酒不敢饮,上高下节要分清。

8. 姐比天上月亮明,弟是天边小星星。
　　弟捧玉杯把酒敬,要姐饮酒才合情。

9. 哥是坡上大高粱,妹是田中嫩禾秧。
　　妹是一心来敬酒,劝哥莫把话拉长。

10. 姐是阳雀满天飞,弟是山中小雀啼。
　　 自古只有大的领,今日哪该弟先吃。

11. 哥是知礼又知法,劝哥莫把时间拉。
　　 若还不信老人问,大来敬小难回答。

12. 弟将一言对姐说,姐敬弟酒不敢喝。
　　 若姐敬弟弟来饮,全堂会笑牙齿落。

13. 青山竹笋根连根，上高下节要分清。
    若是哥你不答应，为妹缩手难为情。

14. 上高下节要分清，姐的礼义重千斤。
    弟饮一合表心意，姐陪一合意情深。

15. 黄龙饮酒饮三合，哥饮三合不为多。
    难得酒席同凳坐，难得共砚把墨磨。

16. 清清水酒映人影，初初结识便知音。
    有钱难买仙人意，黄金难求知心人。

17. 古今礼义哥会说，六合喜酒哥先喝。
    投石惊动水中月，胜过上了十年学。

18. 难承娘家姐不嫌，鸾凤和鸣在今天。
    红花全得绿叶配，得姐厚意才团圆。

19. 紫藤确实难攀高，草杆担水难得挑。
    三合喜酒哥不领，妹我只好顺风摇。

20. 弟说你姐太嫌虚，过杯的酒平平吃。
    过杯的酒同同饮，同饮喜酒才落一。

21. 贵客到此太简慢，主家待客农简单。
    因为手长衣袖短，礼信不到望海涵。

22. 贵府爱好设酒宴，山珍海味摆得全。
    今日吃了山海味，日后永远记心间。

23. 听姐说来太夸奖，仔细想来心不安。
    幸好前人说得有，道是义好水也甜。

24. 贵府厚意妹领情，玉酒落喉醉透心。
    今日哥姐同畅饮，洞口桃花开得成。

25. 来到寒家真简便，茶不茶来烟不烟。
    难承你姐多遮盖，多多遮盖莫传言。

26. 多谢主人的茶烟，义好烟酒胜糖甜。
    今日糖酒饮过后，不是神仙是半仙。

27. 贵客来到我寒家，有心无力真无法。
    买来萝卜当好菜，打来斑鸠当鸡鸭。

28. 塘里无鱼无浪花，瘦土无肥怎种瓜。
    今日贵府样样有，难怪周围个个夸。

29. 桃花红来李花白，我是李花无颜色。
    无酒无菜无礼义，只有春风伴明月。

30. 贵府家风了不得，可惜星子难陪月。
    可惜星子难陪伴，只好羞愧来做客。

31. 爱学打铁站炉边，大锤跟着小锤连。
    从小大锤不得用，如今怎样拿火钳。

32. 谦虚的话可莫说，四海闻名办法多。
    炉中掌了多年火，干将一伸把铁削。

33. 学打镰刀学掌火，铁又厚来钢又薄。
    细岩一磨又卷口，样子好看草难割。

34. 巧夺天工世称奇，四方八路名声威。
    千锤百炼多日久，水非一日冻三尺。

35. 四方八路弟走过，世人没有姐歌多。
    难得把酒同凳坐，望姐共砚把墨磨。

36. 秋水长长共一色，千古名言真难得。
    王勃他把文章写，笔下生花走龙蛇。

37. 细细采来细细花，细细叶子细细芽。
    九冬十月霜雪打，叶落根枯难发芽。

38. 一个水塘绿阴阴，丢个石头试水深。
    人不会水心不稳，只怕水深路难行。

39. 弟说你姐太谦虚，弟是荒山一小溪。
    长江大海比不上，溪小难存大鲤鱼。

40. 不学无术腹中空，虚度年华礼不通。
    劝哥莫把鱼鳅捧，捧下大海难成龙。

41. 时运不来花不红，手拿黄金变成铜。
    等到时来运转到，鱼鳅下海变成龙。

42. 千里修来共船行，急水滩头要小心。
    同心合力同展劲，同舟共济下洞庭。

43. 燕子砌窝不离泥，蜂子采花不离蜜。
    交结朋友情义重，情深义重不分离。

44. 清清水酒映人影，今日相交便知音。
    有钱难买仙人胆，黄金难实知心人。

45. 六月黄黄干了天，早想结交恨无缘。
    天缘有幸今会面，蜂遇花香心头甜。

46. 只因久雨天刚晴，新路滑来泥又深。
    脚穿鞋子无拐棍，还望你哥扶起行。

47. 一条老路走多年，踩来踩去石头偏。
    石头偏了要人垫，坑坑洼洼要人填。

48. 白鹤偶然入鸡群，鸡鹤相亲影相形。
    风送白鹤云天去，留我笨鸡扑次尘。

49. 不怨地来不怨天，怨我哑巴吃黄连。
    哑巴吃了黄连味，难把苦味对人言。

50. 哥要龙头主动多，妹要龙尾奈不何。
    妹不会要哥要耐，铁棒耐烦当针磨。

51. 风吹水动浪花多，塘中无鱼难张罗。
    海棠见花不见果，牡丹好看拿不着。

52. 乔木高来青木低，哥家热闹妹家僻。
    同来此间难陪伴，虾子难陪大鲤鱼。

53. 抬头看见杏花树，手无拐棍路难行。
    蛟龙把弟阳沟进，粗茶淡酒接龙神。

54. 江边水柳一排排，龙和螃蟹两分开。
    哥是蛟龙东海去，妹是螃蟹干坡来。

55. 弟是从来不会歌，马背胂来装骆驼。
    家鸽难得充鹞子，碰到老鹰奈不何。

56. 多承你哥仁和义，八仙桌上摆满席。
    山珍海味美不尽，龙肉熊掌也得吃。

57. 手端水酒望领情，三天好事如兰春。
    淡酒敬客客不饮，洞口桃花也笑人。

58. 仁义堂中仁情好，山珍海味扑鼻香。
    谦虚的话哥莫讲，仁兄待客真无谈。

59. 家下贫寒礼信差，席上无菜确无法。
    难情过奖不敢受，莫送别人笑脱牙。

60. 自古结交重义气，烧个辣子分起吃。
    两下相亲仁义重，莫拿酒饭来为实。

61. 布鞋经穿全靠线，草鞋经穿全靠练。
    寒家无力靠亲友，鱼臭全靠多着盐。

62. 要发豆芽全靠泅，要真灯笼全靠油。
    两下结交靠着你，靠你葡萄结登头。

63. 千里修来同一团，好像竹子共马鞭。
    霜摧雪打同命运，冬去春来又冒尖。

64. 七尺细布把衣缝，一背米来二拦风。
    十双筷子捆一路，情投意合永偕同。

65. 弟家门前一口井，两下情谊才开头。
    但愿情比长流水，结亲结义到白头。

66. 哥是才高人聪明，十八武艺样样行。
    门前栽下幸福树，勤劳致富福满门。

67. 江边架桥两边高，砖石砌墩基脚牢。
    桥头立碑成了古，风吹浪打不动摇。

（杨通显搜集整理）

九、结婚夜筵酒歌

主：喜气盈门在当今，星期之日惊动亲。
　　京兆堂上多喜幸，慢劳众位聚蓬门。

客：喜气盈门京兆堂，鸾凤和鸣结成双。
　　门楣有庆迎百辆，与天同老地同长。

主：秦晋之盟意情浓，烦劳大驾人一众。
　　接得浓来待不重，多多简慢亲与朋。

客：六合堂中喜在今，接得浓来待不轻。
　　花烛增辉多吉庆，空手撂脚进龙门。

主：承蒙亲友到茅屋，席上空谈礼仪疏。
　　慢劳众驾无好主，自愧手中拿不出。

客：五世吉昌在今天，是主是客喜心间。
　　金玉满堂多如愿，龙肉海味摆席前。

主：芒冬架桥理不该，今日惊动贵客来。
　　惊动龙王出东海，惊动王母下瑶台。

客：外城得听三炮响，城内中了状元郎。
　　蔡家功名留世上，恭喜恭贺桥洛阳。

主：欢天喜地在如今，老欢少乐遂其心。
　　全仗亲友的福份，才得淑女到寒门。

客：蜜蜂留恋红花开，燕子留恋高楼台。
　　本地招牌称头块，为人爱选旺家来。

主：路边苦菜连路栽，家坐寒窑口难开。
　　过路人山又人海，又有几个走进来。

客：哪个不想旺家来，早有扬名传在外。
　　根培枝茂放光彩，谁人不爱向阳台。

主：不弃寒微庆六合，待慢宾朋愧处多。
　　桌上空席耐烦坐，接待仁意待客薄。

客：十字街前好风光，良辰凤凰来朝阳。
　　情意过天传世上，一枝红杏出高墙。

主：高门不嫌结婚姻，简慢百客愧在心。
　　手长袖短礼不敬，心中抱愧居寒门。

客：门当户对在今天，东唐历来爱脸面。
　　京兆堂中福不浅，空手来贺酒团圆。

主：一靠亲来二靠友，靠山靠水春与秋。
　　一日望三三望九，才得淑女喜心头。

客：日日过你屋檐边，往来上下过门前。
　　黄金吉地时时变，惠木芳草出门园。

主：京兆堂上喜于今，天晴求雨雨求晴。
　　依亲靠友好福分，才得百辆喜盈门。

客：月圆花好结成婚，五世吉昌在当今。
　　三星在户多吉庆，日兴月异在福门。

主：难承金言把话说，全仗亲友帮助多。
　　齐心协力扶助我，才得日今酒六合。

客：牡丹在你园头栽，桂花在你堂前开。
　　花好月圆放光彩，富也来是贵也来。

主：艰辛育儿得苦辛，未知何日家道兴。
　　全靠亲族好福分，才得内助熟贤人。

客：一兜桂花香满街，你家好名香满寨。
　　叶茂花好开不败，梧桐能招凤凰来。

主：花脸旦脚一人当，独唱戏台难开腔。
　　得亲辅助众友帮，六合才是乐心肠。

客：运转鸿钧路路通，求财买卖不落空。
　　东边养鸟变成凤，西边养鱼变成龙。

主：难承席前把我夸，家下无力做得差。
　　谢你金言宝无价，难免世上笑脱牙。

客：山水维护花红开，蜜蜂留恋好花台。
　　大地钟灵称头块，梧桐能招凤飞来。

主：历代祖宗居山中，水浅地薄想是空。
　　名落孙山难出众，只能坐地等芙蓉。

客：挨得冷来梅花艳，挨得饿来成得仙。
　　舍得撒米鸡鸭变，欣赏花好月团圆。

主：一尚无能赖祖宗，上下纵横落虚空。
　　东成西就都是梦，叼亲蒙友得宽容。

客：高楼自有红云护，好花自有绿叶扶。
　　五世吉昌多辅助，宽心乐意享洪福。

主：当年苦瓜栽苦种，生来爬架一大蓬。
　　空有排场无中用，苦根苦果味不浓。

客：梧桐自然栖得凤，东海自然养得龙。
　　金枝玉叶原有种，喜得牡丹配芙蓉。

主：一世生在深山岭，古今人说是苦根。
　　赤竹难生楠竹笋，苦竹依旧苦竹林。

客：聪明有种富有根，家有黄金人外称。
　　金竹原生金竹笋，聪明原是聪明人。

主：时运不来路不通，栽花不得泥巴壅。
　　无计才撒苦菜种，年年花开都不红。

客：人不出门心不乖，货不离乡价难抬。
　　富贵双全你家在，逢州过府出良才。

主：空空背个好名誉，家中哪得他的力。
　　不是得力倒得气，风吹草动心作急。

客：有根有本有福德，出入金街轿子接。
　　人称国宝爱难舍，明珠掌上价难跌。

主：全仗亲友好根基，寻东不成又寻西。
　　宝宗选婿看得起，林甫待重甜蜜蜜。

客：六合堂中在今天，如同雍伯喜心间。
　　喜得徐女心如愿，白碧得玉在蓝田。

主：成婚之日好合丞，交杯之日谢六亲。
　　秀水萦回护佑稳，明山拱照我家门。

客：绣模牵丝如元振，金屋藏娇福分深。
　　京兆堂上有福分，恭喜鸾凤齐和鸣。

主：一见雀屏挂高悬，射中耳目喜心间。
　　天地有缘多惟愿，求得窦女真有缘。

客：射了雀屏而中目，高手神弓有功夫。
　　犹如当年唐高祖，喜得窦女享洪福。

主：门迎朱履众亲客，好比黑夜现明月。
　　佳章联唱凤凰诗，谢天谢地赐福德。

客：荣偕伉俪在今天，归遗细君喜心间。
　　媚态可西双心愿，夫荣妻贵乐陶然。

主：三千朱履莅蓬门，聊温淡茶待嘉宾。
　　隆情雅意堂上景，难忘亲友的深情。

客：夫妻相爱敬如宾，志同道合家盛兴。
　　鸳鸯成对好合丞，天长地久幸福门。

主：百年好合在当今，笑在眉头喜在心。
　　倒履迎宾礼不敬，握发待客谢隆情。

客：自由结婚春常在，合金交杯乐金阶。
　　情意过天多喜爱，儿孙世代坐龙台。

主：众亲光临到寒舍，四邻驾到真难得。
　　一言难尽情难舍，我也全仗众福德。

客：良辰美景结成婚，赏心乐事遂了心。
　　攀桂承龙好福分，兰桂芳草出园门。

主：红花并蒂靠沃土，紫燕双飞靠呵护。
　　望靠亲友众辅助，灯笼全靠纸来糊。

客：序列三阶聚媳妇，祥开百世媳为姑。
　　天作之合鸾凤舞，贻谋燕翼永享福。

主：难承一众亲和友，满堂福禄和千秋。
　　东成西就随应手，纵横上下任遨游。

客：景美良辰贺主东，堂构增辉乘东风。
　　主客一堂情义重，满福禄寿万年红。

主：恩爱夫妻幸福长，兰孙毓秀桂兰芳。
　　两全其美留世上，梓含承欢乐高堂。

客：鸳鸯福禄在塘中，主客一堂运亨通。
　　举案齐眉多出众，珠生合蒲满堂红。

（杨汉灯搜集整理）

十、酿海酒歌

（一）恭贺主

1. 起一言来唱一声，恭贺主家宽了心。
   三日好事今日满，双方端杯贺主人。

2. 今日鸾凤团了圆，鸾凤和鸣乐心间。
   我娘一语来祝愿，祝愿宝贵万万年。

3. 红日悠悠出东方，日照凤凰伴鸳鸯。
   凤凰鸳鸯双结伴，荣华宝贵万年长。

4. 放了几年长江钩，今日得鱼上了钩。
   南山松柏枝叶茂，北海校花落你屋。

（杨贤台、欧阳家泉搜集整理）

(二) 酿海

1. 借一样，借你象牙筷一双。
   借你金壶来酌酒，借你玉杯酿海塘。

2. 一张桌子四四方，金杯银筷摆成双。
   你家主东本大量，金壶玉酒酿海塘。

3. 东方酿个东洋海，富贵荣华百世昌。
   左边青龙管世界，右边白虎保朝纲。

4. 南方酿个南洋海，酿得人财两兴旺。
   文登科举武登候，金银谷米堆满仓。

5. 西方酿个西湖海，酿得湖海高万丈。
   犀牛塘中来练宝，黄龙出洞海中藏。

6. 北方酿个北洋海，酿得海内满金光。
   酿得金龙来献宝，酿得地久与天长。

7. 再把中央海来酿，五龙坐位管海塘。
   五湖四海都酿了，龙生龙子万年长。

8. 水是天上壬癸水，酒是重阳桂花香。
   杜康造酒人人爱，禹王治水归大江。

9. 昆仑山脉来得远，三条龙脉走三方。
   上条龙脉两分去，水流长江汇东洋。

10. 中条龙脉走得远，五湖四海达三江。
    下条龙脉绕宅基，护佑主家永安康。

11. 湖海滔滔翻白浪，家发人兴万年长。
    如今你家酿了海，老添福寿少添光。

（王瑞钧搜集整理）

（三）多谢主

1. 多谢娘，我来你家扰一场。
   吃饭多谢舂米的，吃茶多谢煮茶娘。

   吃菜多谢厨师傅，吃酒多谢造酒人。
   多谢媒人穿针线，开路架桥才得行。

   多谢接客人劳累，多谢主家人操心。
   多谢服侍人辛苦，日夜操劳待客人。

   多谢房族来照料，我来操劳你一门。
   我不知礼多担待，关门说话一家人。

   郎家湖海酿得稳，拜上一言众人听。
   日落西山天不早，辞别各位转回程。

2. 多谢主，多谢主家的酒席。
   借花献佛来恭贺，恭贺鸾凤永齐眉。

3. 三日好事今日满，操烦主东一众人。
   手贴胸膛感谢主，辞别主东转回程。

   先谢主人后谢客，留个脚印在中厅。
   脚翻门槛辞别去，辞别主东和众人。

（王瑞钧搜集整理）

（四）暂别行

1. 暂别主，好事暂别一堂人。
   新官三日交了印，酿了海塘转回门。

2. 娘去了，门前的马配了鞍。
   花费钱财主莫怨，可莫记怨在心肠。

3. 洞庭湖内水漂漂，恭贺主家步步高。
   三日好事娘去了，龙凤呈祥又来朝。

4. 虎在深山留脚印，龙在东海现了身。
   我娘好言来恭贺，双双贵子跳龙门。

5. 双脚走出贵府门，人虽难舍礼要分。
   门前回首看世景，三星在户高楼门。

6. 主东门前看四方，团团转转凤朝阳。
   你家坐在龙头上，转回家中永传扬。

7. 出了府门又转街，好朵莲花四季开。
   你家仁义多看待，今日转脚明日来。

8. 出了寨头望寨边，礼义送客炮连天。
   你家情义真不浅，百行排在府门前。

9. 热热闹闹一堂伴，今日好散各一团。
   三日好事今日满，各人上路扒龙船。

（杨贤台、欧阳家泉搜集整理）

（五）谢厨歌

1. 喜事堂中闹忧忧，惟有厨房几多劳累又操心。
   工多艺熟多本领，办出美味数你厨师第一名。

2. 主人托你办酒席，几天几夜你操心来又费力。
   长街酒店不如你，香甜美味人人称赞把名题。

3. 一堂好事你劳碌，坐享其成饮水不忘人开沟。
   今日厨师还敬酒，倒马装鞍礼从何处兴起头。

（欧阳家泉搜集整理）

十一、打三朝贺生女的歌

1. 主东植树在山岗，清风明月先来弄瓦后弄璋。
   先来弄瓦凤凰上，后来弄璋一定引文郎。

2. 庭前植树红花开，莺歌燕舞仙女降下凡间来。
   鸿门义路结灯彩，左龙右凤双生贵子坐楼台。

3. 庭前植树开了花，月里嫦娥现身投凡到你家。
   今年玉女来降驾，名成利就文龙随后一齐发！

4. 汤饼期会喜盈盈，凤凰展翅仙女降下九重云。
   我将一言来祝贺，玉女下凡将来盖世她聪明。

5. 一日望三三望九，植树结果主东今日已得收。
   嫦娥降临你贵府，焕然一新来年一定得公候。

6. 外婆实在不像样，来看外甥鞋都没得多一双。
   不学纺织枉在世，望祈一众帮我遮盖替我藏。

7. 外婆礼物来得轻，家下贫穷背带没得多一根。
   一切礼物都节省，人无志气讲来实在害羞人。

8. 阿婆关怀礼应该，只因困难主意百行打不开。
   葛麻织成一根带，略表心意耐烦拿去背小孩。

9. 阿婆家寒无本领，人穷事多从来不拿绣花针。
   破布做成帽一顶，孙女戴上长命富贵易成人。

10. 阿婆送来衣一件，心想脸面要买细布又无钱。
    送件小衣作纪念，孙女穿上聪明伶俐到百年。

11. 简单赠送一张裙，粗布做成背起可能不合身。
    原谅阿婆钱米紧，多多遮盖莫拿我们比别人。

12. 阿婆实在手边窄，归根到底全靠公婆自己遮。
    不要夸来不要奖，依礼来看阿婆送的难出客。

13. 星子怎能比月亮，外婆贫寒小小巴裙送一张。
    只能在家背等趟，再三扎咐可莫背着去赶场。

14. 阿婆礼物来不多，小手小脚冷水也来掺掺锅。
    龙船不踩话讲过，望你不拿粗纱麻布当绫罗。

15. 阿婆是来见个面，拜上高亲我是凡人怎比仙。
    富家有钱放手用，我家贫寒即使会用也无钱。

16. 自古驼子不怕丑，家下贫寒厚着脸皮不怕羞。
    满堂高亲莫夸奖，茶油翻枯再来上榨也无油。

17. 阿婆含羞把话提，家下贫寒麻布拿来当绸衣。
    孙女切莫穿出去，五湖四海众人看见丢脸皮。

18. 云雾遮阴在江边，月里嫦娥今日下九天。
    金玉满堂多富贵，留得贵府芳名千百年。

19. 云雾层层在江东，这朵鲜花开得浓。
    女中英豪掌帅印，三亲六戚都光荣。

20. 太阳出来照长江，贵府添个小姑娘。
    手中握有朱砂印，长大为国逞豪强。

21. 银瓶酌酒亮晶晶，好树红梅报早春。
    今天生的金彩凤，来年降个玉麒麟。

22. 三十三天云雾高，玉女下凡在今朝。
    花儿门庭多荣耀，父母都穿紫罗袍。

23. 月亮出来照东街，贵府得个女裙钗。
    长大成人当模范，光荣送到你家来。

24. 梭罗树上叶三叉，仙女临凡到你家。
    女儿知道娘辛苦，报答操劳享荣华。

25. 紫竹林中叶子尖，龙女下凡到此间。
    先开花来后结果，花好自然月团圆。

26. 上林苑里起香风，芙蓉花对月月红。
    今朝你家得只凤，明年添上一匹龙。

27. 大河流水绿悠悠，你家待客礼义周。
    美酒好像洞庭水，佳肴摆满百花洲。

28. 月亮出来亮晶晶，贵府待客情意深。
    杀猪宰羊来款待，穿州过府来传名。

29. 春兰秋菊吐芬芳，贵府新添女红装。
    今天吃了三朝酒，明年得个状元郎。

30. 大田秧苗绿又绿，承蒙你家把客留。
    富贵女儿富贵子，是男是女得封侯。

31. 金壶发光银杯花，仁义双全实堪夸。
    今朝生女来庆贺，明年贵子到你家。

32. 半天朵朵飘彩云，凤凰展翅出琼林。
    贤门生下千金女，长大赛过穆桂英。

33. 彩云层层罩江边，今朝七仙下九天。
    有才有貌有富贵，长大芳名万古传。

34. 彩云层层到江东，这朵牡丹开得浓。
    长大聪明又伶俐，百花搭赖也光荣。

35. 太阳出来照大江，贵府添个玉姑娘。
    手中拿有五色线，织出文章天下香。

36. 银壶酌酒亮晶晶，玉树梅花来报春。
    贵府喜得彩凤女，阳雀过山远传名。

37. 三十三天云雾高，玉女下凡在今朝。
    满屋芳香腾紫气，三山五岳都来朝。

38. 月亮出来照金街，贵府新添女裙钗。
    将来才子求淑女，搭红放炮你家来。

39. 枫木树上叶三叉，天仙下凡到你家。
    你家得个天仙女，德才具全耀中华。

40. 风吹紫竹叶尖尖，紫竹开花满人间。
    先开花来后结果，开花结果月团圆。

41. 忽然御苑起香风，富贵花开月月红。
    今年你家添只凤，明年一定得匹龙。

42. 一杯酒来清又清，木兰替父去从军。
    番邦投降天山定，无人知是女钗裙。

43. 二杯美酒举得高，汉家才女是班昭。
    修成汉史人称赞，可算中华女文豪。

44. 三杯酒来喜盈盈，辽帮侵华兴大兵。
    摆下百八天门阵，破阵英雄穆桂英。

45. 四杯酒来满满齐，音乐天才蔡文姬。
    胡笳十八传佳谱，女人同样有作为。

46. 五杯酒来亮沙沙，女儿一样保国家。
    征东虽是薛仁贵，征西却是樊梨花。

47. 六杯酒来满摇摇，太平天国女将洪宣娇。
    驰骋沙场女元师，开科取士逞英豪。

48. 七杯酒来满满斟，元朝有位孟丽君。
    女扮男装上京去，夺得皇榜第一名。

49. 八杯酒来酒生花，文章男女各成家。
    爱国词人李清照，多少男子难比她。

50. 九杯酒来桂花香，中华女排世无双。
    为国争光五连冠，美名天下广传扬。

51. 十杯酒来大团圆，女的顶着半边天。
    男女同样做贡献，红花常在女胸前。

（吴展明、周昌武搜集整理）

十二、打三朝贺生男的歌

1. 天开黄道正吉良，主东门庭日丽风清喜弄璋。
   外婆有话不会讲，人穷口钝空手来看读书郎。

2. 满堂净是人聪明，外婆空手空脚前来看外甥。
   三条龙脉来得正，从今以后宰相出在积德门。

3. 主东门庭天星顺，福星拱照今朝天意降麒麟。
   好比金龙跃沧海，左龙右凤双双贵子跳龙门。

4. 天仙有意下瑶台，万紫千红百鸟争鸣奇花开。
   麟吐玉书生孔子，洪福齐天张公玉燕又投怀。

5. 主东门第世译长，锦上添花天意人和喜弄璋。
   甘罗十二为丞相，我来祝贺一举首登状元郎。

6. 暑往寒来艳阳天，大振家声当初寇准七咏山。
   但等公子年十八，后花园内自然桑中探金环。

7. 初松玉露映霞光，李耳跨牛函谷紫气映咸阳。
   三千道德五千注，鲤跃秦川八百乾坤归文王。

8. 得亲顺亲满堂红，麟趾呈祥凤毛齐美盖祖宗。
   灵运子孙多是凤，将来可畏你家后嗣定成龙。

9. 论文论武家声远，燕翼胎谋祖宗有德培在先。
   人杰地灵天星现，金马玉兔兰桂腾芳瓜瓞绵。

10. 江山不老年年在，天降麒麟主东门庭宝扇开。
    长征路上添异彩，孙儿以后定成社会栋梁才。

11. 一杯酒来满满酌，天降麒麟众欢乐。
    恭喜华堂生贵子，他年大用靠得着。

12. 二杯酒来清又清，百客堂中起贺声。
    你家今日添龙子，荣华富贵满门庭。

13. 三杯酒来满满酌，一面饮酒一面歌。
    状元儿郎你家降，老老少少得宽乐。

14. 四杯酒来香又香，你家褡个读书郎。
    东西南北宾客到，三生有幸聚华堂。

15. 五杯酒来一条龙，亲朋庆贺在堂中。
    今朝你家生贵子，将来定是大英雄。

16. 六杯酒来是六合，亲朋同把喜酒喝。
    去年种花今结果，子孙世代穿绫罗。

17. 七杯酒来七巧全，金童下降谢上仙。
    三亲六戚来恭贺，他年金榜名占先。

18. 八杯酒来一枝花，五湖四海是一家。
    天降麒麟吃喜酒，锦上添花好缘法。

19. 九杯酒来甜又甜，今天贵府把人添。
    家发人发多兴旺，富贵花开万万年。

20. 十杯酒来十美齐，添人进口有根基。
    易养成人早成器，龙虎榜上把名题。

21. 葡萄美酒亮华华，麒麟献瑞在你家。
    将来长大保天下，贵子名声盖中华。

22. 月亮出来照楼台，天仙送子你家来。
    现在小小一根树，将来长大栋梁材。

23. 月亮出来照洞庭，你家生下玉麒麟。
    祖宗赐福又赐寿，富贵双全跳龙门。

24. 月亮出来满山黄，福寿堂前桂花香。
    今天还在娘怀抱，长大考中状元郎。

25. 喜鹊树上叫三声，联珠喜事你家门。
    积善人家生贵子，将来金榜挂头名。

26. 三多门下桂子香，文曲武曲照海棠。
    五龙练成珍珠宝，能文能武坐朝堂。

27. 一轮明月照九洲，福星高照你门楼。
    长大名登龙虎榜，玉堂金马占鳌头。

28. 十里春风杏花红，东海今日生文龙。
    长大姓名传四海，我们搭赖也光荣。

29. 太阳出来照东洋，你家添个读书郎。
    夜梦长庚吉星照，富贵花开万年长。

30. 兰桂入梦真灵验，果然贵子到眼前。
    细心哺育耐心教，自然文武两双全。

31. 月亮出来照楼台，天降麒麟你家来。
    现在小小一棵树，将来长成栋梁材。

32. 月亮出来照洞庭，洞庭湖内水清清。
    祖宗有德龙现爪，将来鲤鱼跃龙门。

33. 月亮出来亮堂堂，福寿堂前桂子香。
    莫看今朝贵子小，长大是个状元郎。

34. 向阳门第桂花香，桂子降下云呈祥。
    甘罗十二为丞相，赤壁鏖战是周郎。

35. 蓝天碧海月如钩，紫微吉星照高楼。
    你家今日得宝贝，来年鲤鱼跳上状元楼。

（吴展明、周昌武搜集整理）

十三、打三朝唱着阿婆舅妈的歌

1. 昔日王子去求仙，八仙下棋在桃园。
   难得八仙登堂坐，多承厚礼送银钱。

2. 燕子飞过九重溪，多承阿婆送好衣。
   一送青蓝哔叽布，二送的卡三合呢。

3. 月亮出来照四方，阿婆背带织得长。
   连娘带崽挽三转，还有一丈捆鸳鸯。

4. 月亮出来照洞庭，难得阿婆送巴裙。
   三斤棉絮缎子面，缎子上面绣麒麟。

5. 一张巴盖四四方，高级料子二面光。
   左边绣的龙练宝，右边绣的凤朝阳。

6. 多承阿婆送金银，金银帽子送外孙。
   前面配个金狮子，后边配个玉麒麟。

7. 月亮出来照楼台，多承阿婆费钱财。
   黄金项链百家锁，玉石手圈银子牌。

8. 月亮出来照九洲，阿婆送来口水兜。
   中间开起荷花领，绣个金线系葫芦。

9. 阿婆办事总不差，送酒送米送鸡鸭。
   阿婆银钱送得有，不知怎样来酬答。

10. 舅妈银帽亮晶晶，银子链链吊响铃。
    福禄寿喜一排坐，又有八仙过洞庭。

11. 舅妈巴被新又新，喜鹊衔梅在中心。
    左边紫燕穿杨柳，右边鲤里跳龙门。

12. 舅妈恩情大无边，小孩衣服绣花边。
    棉衣棉裤料子布，多承舅妈花银钱。

13. 李子开花满树白，舅妈义厚本舍得。
    编笼编起胡椒眼，口水兜兜绣蝴蝶。

14. 手提银壶把酒筛，舅妈样样送起来。
    头上送有花花帽，脚上送有花花鞋。

15. 今日喜鹊叫临门，阿婆老人放了心。
    敬婆一杯乐心酒，阿婆福寿又康宁。

16. 金壶酌酒清又清，舅妈姨妈恩义深。
    难得老人来祝贺，不知怎样来还情。

17. 太阳出来照九洲，朵朵祥云绕我屋。
    水有源头树有本，天降麒麟全仗阿婆的洪福。

(吴展明、周昌武搜集整理)

十四、打三朝主人感谢宾客的歌

1. 是亲是友厚礼义,日时吉良幸遇寒门汤饼期。
   一家酒来百家义,三亲六眷今日动驾来得齐。

2. 亲友恩情深似海,万紫千红百鸟争鸣百花开。
   六眷亲朋都热爱,不辞风霜一齐发驾寒门来。

3. 阿婆多情又厚义,高价买来尽是学服绞边衣。
   尼龙帽子银铃响,巴裙巴盖完全是些缎和呢。

4. 行行想来简慢客,人无志气席上荒疏屋也窄。
   旁人问到要遮盖,传出名声黑了灰面丑了麦。

5. 我是愚蠢不会讲,开口得罪众一堂。
   打开银壶酌杯酒,玉杯朵朵银花香。

6. 打开银瓶酌杯茶,今天姨妈到我家。
   没得山珍吃野菜,没有美酒喝清茶。

7. 昔日王子去求仙,八仙下棋在桃园。
   承蒙王母登堂贺,花费礼物送银钱。

8. 昔日王子去求仙,桃花开放又一年。
   王母离开瑶池殿,轻移莲步到堂前。

9. 三十三天云雾飞,九冬风寒冷稀稀。
   席上无酒放空盏,盘中无肴摆空席。

10. 天上星子亮晶晶,诸亲百客喜盈盈。
    背名办个三朝酒,没得哪样待客人。

11. 月亮出来照九洲,贵客台驾到茅屋。
    一杯清水当美酒,一盘青菜当肥肉。

12. 燕子飞过九重溪，承蒙舅妈送好衣。
    一送绫罗和绸缎，二送锦纶三合呢。

13. 阿婆来吃三朝酒，外孙今日享你福。
    衣帽鞋袜全新做，担鸡挑鸭又送肉。

14. 三月杨柳细叶发，满园春色开鲜花。
    外甥玉堂乘金马，全靠舅妈来提拔。

15. 一层蓝天一层云，一代恩情九代恩。
    三朝席上来敬奉，绿水青山舅妈情。

16. 搭赖阿婆福分高，我家门前栽仙桃。
    栽的仙桃结仙果，阿婆贺喜把客邀。
    来的客人真不少，每人送礼一大挑。
    我家房屋窄又小，三间四屋都摆高。
    公婆出来打一望，昨天欢喜到今朝。

17. 搭赖阿婆得享福，阿婆东西来得足。
    一路担子成队伍，堂屋摆登院子头。
    公婆出来数一数，从一数到九十六。
    帮忙的人接担子，又挑鸡来又挑肉。
    打开礼盒仔佴看，银帽玉圈花背兜。
    衣服鞋袜无其数，金银钱米最后收。
    三亲六戚都夸奖，五潮四海找不出。

18. 阿婆爱好本是真，送的礼物数不清。
    一送背带绣龙凤，二绣背搭玉麒麟，
    三送罗汉和玉字，四送银牌挂响铃。
    五送金锁胸前带，六送绸缎缝衣裙，
    七送麒麟发富贵，八送衣帽式样新。
    九送手圈翡翠玉，十送项链算条金，
    我家阿婆真正好，万国九洲去传名。

19. 阿婆礼信实在大，穿戴东西都绣花。
一绣双龙来献宝，二绣昭君弹琵琶，
三绣状元骑白马，四绣芙蓉牡丹花。
五绣五色金鸡叫，六绣六郎战金沙，
七绣天上七姊妹，八绣八仙过海法。
九绣桂花香千里，十绣岭上开梅花，
我家阿婆真正好，万国九洲第一家。

（吴展明、周昌武搜集整理）

十五、贺周岁主客对唱

客：喜酒吃得醉醺醺，我在堂中起歌声。
　　聊用一言来封赠，孙崽长寿永康宁。

主：没得好酒劝客饮，没得好菜请客尝。
　　承蒙金口来褒奖，孙崽利到寿元长。

客：一面饮酒一面歌，是客是主心欢乐。
　　孙崽长得很不错，承先启后靠得着。

主：承蒙贵客来祝贺，光前裕后靠得着。
　　各方帮亲靠亲友，木本水源靠阿婆。

客：你孙今日满周岁，杯杯喜酒甜蜜蜜。
　　我拿一言恭贺你，长命富贵永安逸。

主：今日我孙满周岁，淡酒承蒙不推杯。
　　恭贺长命又富贵，中你金言得落二。

客：孙崽一岁胖嘟嘟，哪个见了都要褒。
　　我拿一言来贺主，易养成人享洪福。

主：孙崽长得胖乎乎，承谢亲朋个个褒。
　　易养成人又长寿，全赖大众的洪福。

客：今日你孙满一岁，老老小小笑眯眯。
　　亲朋一众来贺喜，能文能武有作为。

主：亲朋一众来贺喜，同坐一堂笑眯眯。
　　孙崽能文能武艺，不忘亲友这帮力。

客：贤孙周岁开喜筵，闹闹热热像洞仙。
　　孙像日头刚露脸，从小看大福禄全。

主：是花都想红鲜鲜，哪个都爱儿孙贤。
　　今朝得你来封赠，惟愿真个中金言。

客：孙崽周岁逢良辰，满堂一众喜盈盈。
　　贵府有根又有本，代代出来都聪明。

主：孙崽周岁到于今，木本水源记在心。
　　阿公阿婆有根本，外甥捡样才聪明。

客：孙满周岁在今朝，老老少少乐陶陶。
　　看你孙相貌好，不是武将是文豪。

主：小小孙崽嫩娇娇，才像芙蓉起花苞。
　　承谢样样封赠好，唯愿不差半分毫。

客：看到你孙很逗爱，喜得众人心花开。
　　祖宗有德好后代，长大定是栋梁才。

主：金口玉牙夸孙乖，听你讲来心花开。
　　孙崽成才有大用，你也宽心我宽怀。

客：主东本是好根基，孙崽好像龙一匹。
　　龙到你家满门喜，长大为国把功立。

主：句句良言贺主东，愿孙长大能立功。
　　名字上到功劳簿，满堂一众都光荣。

客：孙崽年纪还在小，事事要人耐烦教。
　　养儿辛苦自有报，长大为国立功劳。

主：听你讲来我明了，刀要磨来人要教。
　　为人要走阳光道，教他为国立功劳。

客：白白胖胖好个孙，耐烦服侍他成人。
　　长大成才国家用，自然一二报恩情。

主：孙崽像朵牡丹花，生来就得金口夸。
　　唯愿我孙快长大，是恩是情好酬答。

客：孙崽周岁喜开怀，佳肴美酒把宴开。
　　亲友房族满招待，众口同贺成英才。

主：孙崽周岁喜开怀，亲友房族一齐来。
　　句句贺得很实在，无才也会变有才。

客：今朝周岁喜洋洋，众客庆贺在中堂。
　　贺你子孙都兴旺，荣华富贵久久长。

主：众客贺喜到我家，金玉良言把孙夸。
　　主客不该分高低，我孙富贵你荣华。

客：一堂好事一堂歌，礼义之家宾客多。
　　大家同心来恭贺，长命富贵永安乐。

主：好事一堂歌一堂，从来好事从人量。
　　千言万语来夸奖，搭赖亲朋门第香。

客：你孙生来很强壮，骨像铁来筋像钢。
　　长大成人是良将，为国立功把名扬。

主：听你讲来好特殊，生有钢筋与铁骨。
　　若成中流的砥柱，大家一道同享福。

客：贵府待客礼周到，情似海深义山高。
　　吃不了来谢不了，祝贺你孙成英豪。

主：锦鸡好看肉不多，讲得浓艳待得薄。
　　你又感谢又祝贺，我脸带愧话难说。

客：庆祝周岁喜筵开，主客老少乐开怀。
　　从今以后永康泰，好比登上逍遥台。

主：承得客人来贺喜，我家堂屋生光辉。
　　讲到逍遥台上去，由你引路我跟随。

客：今朝同吃周岁酒，热热闹闹客满屋。
　　你孙能文又能武，我们搭身也享福。

主：亲戚百客坐堂中，拿文拿武贺主东。
　　我孙若得国重用，骑马来谢众亲朋。

客：天上星子颗颗光，颗颗照到你中堂。
　　照出儿孙好长相，功成名就占头行。

主：天上星子千万颗，地上英才有几多。
　　我孙学得英才样，谢你句句灵3丹药。

客：天上星子亮晶晶，颗颗照到你家门。
　　照出儿孙好本领，文武盖过几多人。

主：天上星子亮晶晶，亲朋一众到我门。
　　富贵功名都封赠，儿孙世代不忘情。

客：今朝好日又好时，恭贺主东两首诗。
　　一举首登龙虎榜，十年身到凤凰池。

主：今朝好日又好时，感谢亲友来赠诗。
　　千金万银一颗字，不晓记到哪一日。

客：儿孙自有儿孙福，你家笋子高过竹。
　　福寿长长长江水，长江流水水长流。

主：同吃周岁得团堂，是客是主喜洋洋。
　　千情百义长江水，长江的水万年长。

（吴展明、周昌武搜集整理）

十六、贺寿主客对唱

客：今日过州又过府，双脚行到你家屋。
　　我是一心来贺寿，祝贺长寿又多福。

主：承蒙贵客到我门，花了钱米费了神。
　　金口玉言来祝贺，还不起恩记得情。

客：满盘盛席摆中堂，是客是主喜洋洋，
　　祝贺老人体强壮，日月不老万年长。

主：难得大众来封赠，一句良言一寸金。
　　老人真是有福分，人寿年丰日月明。

客：黄河波涛水滔滔，老人寿延年年高。
　　寿延赶上盘古老，无忧无虑得逍遥。

主：流水滔滔是江河，天上日月像穿梭。
　　得你金口来祝贺，是福是寿靠得着。

客：福如东海寿南山，吉星高照保安康。
　　儿孙发达家兴旺，千秋万代你家强。

主：亲朋贺喜到我家，福禄寿喜同开花。
　　天上福星九州照，我也兴旺你发达。

客：恭贺一言又一言，寿比天上月常圆。
　　月亮长圆花长好，生活好比蜂糖甜。

主：谢你金口吐金言，福禄寿喜贺周全。
　　儿孙面上都贺到，老人成佛你成仙。

客：恭贺一层又一层，福星高照贵府门。
　　福禄好比东洋海，寿缘好比日月明。

主：恭贺一层又一层，层层打开黄金门。
　　前程是幅福寿锦，全靠亲友手织成。

客：南极星辉在堂中，富贵花开一品红。
　　老人长寿福分重，儿孙代代都成龙。

主：亲朋庆贺在堂中，是客是主乐融融。
　　老人把你金言中，一定放炮挂你红。

客：天上星子亮晶晶，福地高上坐福人。
　　松年鹤龄寿延永，坐到甲子几十轮。

主：人过一年添一岁，树过一年长一轮。
　　坐得几轮甲子满，世上尽是百岁人。

客：老人高寿在今天，众客祝贺在堂前。
　　祝贺长生又康健，逍遥自在到百年。

主：众客礼信俱周全，金口还要吐金言。
　　主人记得君恩远。老人百岁你百年。

客：恭贺老人福寿多，长生不老像山河。
　　儿孙满堂久久坐，身强体壮永康乐。

主：长江大河水长流，松柏长年青幽幽。
　　得你祝贺寿长久，老人添寿你添福。

客：一人高寿众人喜，是亲是友来得齐。
　　齐贺寿延齐天地，天长地久永安逸。

主；今日众客舍得走，热热闹闹到我屋。
　　金玉良言来贺寿，无福搭赖也有福。

客：吉日良辰公的生，满盘盛席宴家宾。
　　众口同声来封赠，多福多寿永康宁。

主：多谢恩，多谢贵客贺寿星。
　　中你金言多福寿，一来谢恩二酬情。

客：福如东海寿南山，老人是宝百世昌。
　　发富发贵人兴旺，满门福寿天地长。

主：松柏不老年年长，日月长明万岁光。
　　中你金言南山寿，记你情义久久长。

客：恭贺老人寿千秋，千秋万世好福禄。
　　见儿见孙坐长久，只有欢乐无忧愁。

主：福寿是朵并蒂花，亲朋拿送老人家。
　　老人添福又添寿，情义日后慢酬答。

客：老人素来好良心，到处培德又修阴。
　　龙天保佑寿延永，长看儿孙做前程。

主：老人做样后入学，年老月久做得多。
　　好事得到好结果，亲朋一众同欢乐。

客：恭贺老人永康泰，安乐自在得开怀。
　　寿比南山福似海，好像寿星坐仙台。

主：古木逢春花便开，松柏不老要人栽。
　　亲朋良言金难买，仙台还是众人抬。

客：恭贺老人寿延高，坐在福中乐陶陶。
　　健康长生永不老，好看儿孙作英豪。

主：承谢亲友贺寿元，金口句句是金言。
　　老人方面得长寿，儿孙方面福禄全。

客：今日堂中摆寿筵，八仙庆寿来得全。
　　没有那个能比你，福如东海寿如山。

主：承蒙八仙来贺喜，贺我寿高福有余。
　　可惜主人为不起，堂中没有蟠桃席。

客：长江大河浪不停，年年贺寿年年新。
　　天增岁月人增寿，春满乾坤福满门。

主：几抛几落到如今，亲戚朋友最关心。
　　年年都来添福寿，得福得寿记恩情。

客：月中梭罗不用栽，水打不动玉石岩。
　　贵府待客真慷慨，福禄寿喜你家来。

主：江边柳树露了根，淡酒无菜薄了情。
　　简慢众客莫计论，远远遮盖莫传名。

（吴展明、周昌武搜集整理）

十七、贺唱"福禄寿喜"四字

1. 福学写来凤和龙，荣华富贵在其中。
   今朝捧福来祝贺，洪福齐天万年红。

2. 禄字写来天赐禄，天绿赐到你家屋。
   今天拿禄来恭贺，五谷丰登钱财足。

3. 寿字写来寿延长，三星高照你屋堂。
   端上寿桃祝高寿，松年鹤龄永安康。

4. 喜字写来喜连连，欢欢喜喜像神仙。
   今朝拿喜来祝贺，福禄寿喜你周全。

（吴展明、周昌武搜集整理）

十八、贺新屋歌

1. 天开黄道大吉昌，客庆新居满华堂。
   地灵人杰永兴旺，世代良才翰墨香。

2. 有志竟成房新修，大厦落成业千秋。
   今朝亲朋来庆贺，万代兴隆享吉庥。

3. 池内荷花红鲜鲜，鸟革翚飞真安然。
   瑞霭华堂多吉庆，荣华富贵都齐全。

4. 好山好水美如画，竹苞松茂是你家，
   五星照耀人杰地，子子孙孙享荣华。

5. 好木好料在高坡，新建高楼众贺歌。
   龙脉旺盛向道好，肯堂肯构永安乐。

6. 旭日高照在东方，燕翼胎谋美名扬。
   大厦落成吃喜酒，绳其祖武百世昌。

7. 吉日吉时上金梁，麟趾呈祥喜洋洋。
   诸亲百客来祝贺，万事亨通幸福长。

8. 紫燕衔泥居高楼，鸟革翚飞贻孙谋，
   席上佳肴伴美酒，子孙代代出公侯。

9. 贵府今日造新房，玉柱高上架金梁。
   花鸟文章样样有，鲁班造下万年长。

10. 你家今日造高楼，高楼放眼看全球。
    前人基业修得好，承先启后万年福。

11. 昆仑山上去砍木，张郎砍来鲁班修。
    画栋雕梁留根古，凤凰来栖燕子楼。

12. 玉柱顶上架金梁。文龙练宝凤朝阳。
    坐在龙头拿龙宝，坐在龙尾状元郎。

13. 凤凰树上叫三声，你家今日气象新。
    依山傍水龙脉好，紫微高照积德门。

14. 琉璃瓦屋亮晶晶,八字门楼两边分。
    万代兴隆今天起,家也发来人也兴。

15. 杉树瓦屋起百闻,楼阁亭台水接天。
    新起大厦福星照,幸福生活万年甜。

16. 吉日良辰天地开,贵府建造新楼台。
    左有金龙戏碧海,右有彩凤舞花阶。

17. 琉璃瓦屋起九间,楼上建楼接青天。
    三多吉庆福星照,万年兴旺万年甜。

18. 贵府今日建新房,碧玉柱子紫金枋。
    画凤雕龙般般有,荣华富贵万年长。

19. 志气出众修大厦,彩凤青鸾到你家。
    玉燕呢喃雕梁柱,子孙代代享荣华。

(吴展明、周昌武搜集整理)

十九、开席歌

乙:请客到家想你已经备办好,怎么屋里还在乱糟糟。
　　桌未收捡地未扫,锅头鼎罐到处抛。
　　姑娘妹崽快收捡,莫太懒惰也害臊。
　　若你懒动说一句,我们帮你全搬掉。

甲:一早忙碌汗水冒,担水洗菜又要把火烧。
　　家里杂乱没空捡,只请贵客莫见笑。
　　你们已来莫空坐,快来帮忙把地扫。
　　地下东西收干净,桌上杂物全搬掉。

甲:这些东西是什么?请你把它编成歌。
　　唱出一样收一样,全部把它搬下桌。

乙：拿掉竹夹放一边，喝酒吃饭不用摆火钳。
　　筷子一双好夹菜，留下剪刀把肉剪。

甲：这两件东西叫什么？它们同样有耳朵。
　　谁人烧炭谁人铸，哪个晓得快点说。

乙：两样东西名叫鼎罐和铁锅，它们同样有耳朵。
　　"养才"烧炭"卡曾"铸，讲完我就把它搬下桌。

甲：你说这些是哪样？一个一个讲来听。
　　讲完一个收一个，少说一个也不行。

乙：一件名字叫芦笙，二件名叫牛腿琴。
　　第三琵琶声音脆，第四笛子最好听。

甲：你猜谁人造芦笙？你说哪个造出牛腿琴？
　　你说琵琶谁人造？谁造笛子讲来听？

乙：我从头说给你听，"金毕松告"造出牛腿琴。
　　"金八腊来"他把琵琶造，"金正"造成笛子和芦笙。

甲：猜这几样是什么？不懂不要随便说。
　　说得不对不开席，纵然有酒不能喝。

乙：我说一个叫蓑衣，我说二个叫斗笠。
　　第三名字叫捞兜，第四名字叫簸箕。

甲：你猜谁人造蓑衣？你说哪个造斗笠？
　　你说捞兜谁人造？你说哪个造簸箕？

乙：我说"卡岑"造蓑衣，我猜"卡广"造斗笠。
　　我说捞兜"卞孖"造，天上"定宁"他来造簸箕。

甲：这个娃儿很奇怪，在家本把斗笠戴。
　　站在这里不想走，喊出名字她才愿走开。

乙：不稀奇，这是草把穿人衣。
　　任你怎喊他也不会走，让我一脚把他踢。

甲：谁家姑娘这边站？身材矮小肚儿圆。
　　你猜她的肚子装哪样？装的是苦或是甜？

乙：不是姑娘是酒坛，口小肚大帽儿圆。
　　肚子装的是水酒，甜中有苦苦中甜。

甲：谁人做事太稀奇，把鱼骨头放碗里。
　　别人用鱼来待客，鱼骨鱼刺叫人怎么吃？

乙：是木梳，不是什么鱼骨头。
　　我来把它头上戴，剩下空碗好装肉。

甲：冬天老蛇应该深洞藏，怎么还来横在井沿上。
　　你来把它赶起走，不赶它会把那水弄脏。

乙：不见老蛇在井上，只见烟杆横在碗上方，
　　你叫我取我就取，取掉烟杆碗盛汤。

甲：谁人架桥过深潭？又有白龙盘上边。
　　龙挡桥上谁敢过，哪个有胆走向前。

乙：什么白龙盘桥上，明是银练筷子放在杯上边。
　　你们胆小不敢取，我来一手把它掀。

甲：什么东西红又红，谁人把它放碗中？
　　它的味道不知甜或苦，泡酒来喝一定味道浓。

乙：是棵辣椒红又红，怎么把它放碗中？

辣椒味辣只能磕蘸水，用来泡酒不会浓。

甲：三个姑娘瞌睡多，一晚都在埋脑壳。
哪个"纳汉"来把她们喊，喊醒她们好对歌。

乙：三个酒杯复在桌面上，不是姑娘磕睡埋脑壳。
我今用手一个一个来翻转，把它翻转盛酒喝。

甲：晴天突然下冰雹，满山遍野一片白。
桌上凳上都埋没，谁来动手帮我撮？

乙：是棉花籽撒满地，不是下雹和下雪。
你们的家你们扫，主人不扫莫要乱派客。

甲：哪里来兵马，青旗红旗满山插。
可惜我们无勇将，杀退来兵把旗拔。

乙：哪里是兵马，分明饭上把旗插。
我们个个是勇将，随手就能把旗拔。

甲：山洪暴发水势汹，草根木楂都往潭里冲。
大家动手来帮捡，不捡会塞龙洞水不通。

乙：不是山洪水势汹，是一节草放碗中。
你自己放你各捡，不捡吃下卡喉咙。

（开席歌是侗族南部方言区请客吃饭前，主客唱的一种歌。就是在摆酒席的桌上放置许多用具，主方用歌一样一样地问，客方用歌一样一样地答。客方每答对一样，主方即捡去一样，直到把桌上用具全部捡完才开桌吃饭，谓之开席。吴生贤搜集整理）

二十、敬酒歌

甲：我家穷，只有一丘小田在山冲。
因受风灾才收禾几把，得一把米不几筒。

没有什么来待客，空敬杯酒脸发红。

乙：全村富足算你家，好田好土满大坝。
　　多年陈谷吃不了，远村近寨人人夸。
　　杀鸡杀鸭来待客，肉饱酒足眼发花。

甲：我家穷，只有一丘小田在山间。
　　因受鼠灾才收禾几把，得一把米才够吃一餐。
　　没有什么来待客，空敬杯酒心不安。

乙：全村就算你家富，牛羊满圈粮满屋。
　　鸡鸭成群满河坝，还有鹅群和大猪。
　　米酒鱼肉吃不了，还讲无甚待客说得太悬殊。

甲：我家穷，只有一丘小田在山顶。
　　今年干旱禾不好，收得粮食不几斤。
　　没有什么来待客，空敬杯酒表衷情。
　　你讲你穷我更穷，我们家境很相同。
　　你还有田在山顶，我无块地在山中。
　　我们穷对穷来富对富，你莫讲敬我们换一盅。

甲：天不刮风树自弯，气候不寒身各颤。
　　想敬杯酒不敢讲，硬着头皮把杯端。
　　情哥不嫌请接这杯酒，接这杯酒一口干。

乙：这位小妹最能言，句句扣住人心弦。
　　什么不冷身自颤，听来这话不等闲。
　　你若诚心来敬酒，你喝一半我喝干。

甲：问情哥，几欲开口不敢说。
　　刚才害羞不敢问，今来问你叫作"补什么"？
　　人家得你做夫妇，我敬杯酒要你喝。

乙：莫哆嗦，东拉西拉找话说。
　　我因家穷没有姑娘爱，本是"汉老"能叫"补什么"。
　　不知你叫"奶哪样"？请讲来听我才把酒喝。

甲：莫见怪，请客到家没有什么来招待。
　　黄花粉条街上有，猪肉牛肉在集市，
　　因为家穷无钱买，空喝苦酒下青菜。
　　吃酒无菜莫灰心，莫要下次不敢来。

乙：莫谦虚，有肉有酒我们尽情吃。
　　猪肉牛肉不用买，黄花粉条样样齐。
　　鱼肉成山满桌上，动筷举杯吃不及。
　　我们嘴笨不会赞，请莫错怪不"通皮"。

甲：快点喝，废话莫讲那么多。
　　有菜无菜先喝酒，把酒喝干再慢说。

乙：你我交换对着喝，各人一杯一样多。
　　交结朋友要同等，我讲这话你说合不合。

甲：舅啊舅，舅家房子三层楼。
　　三层三间高又大，幸福美满到白头。

乙：这位贤妹最会说，对我老头唱酒歌。
　　但愿如你讲的话，这杯美酒我很乐意喝。

甲：再一杯，相信大舅不会推。
　　再喝这杯能长寿，祝愿大舅活到一百岁。

乙：小妹崽说话言太美，老头乐意不会推。
　　如你讲的祝福话，再来一杯就一杯。

甲：再一杯，连吃三杯是古规。

连吃三杯人丁旺，六畜发展谷双穗。

乙：再来一杯我就来一杯，妹吃一杯来相陪。
　　连吃三杯我乐意，妹陪一杯也是古人规。

甲：这位公公福气大，家业发达人也发。
　　家里儿媳都贤慧，个个孝敬老人家。
　　大儿媳端来洗脸水，二儿媳她就递手帕。
　　如果要我来当三儿媳，公公抽烟我把火柴划。

乙：小妹说话要算话，莫要撒谎哄我老人家。
　　你说愿当我的儿媳妇，我儿他丑只怕你嫌他。
　　你若真心我就请花轿，还请一队鼓手吹唢呐。
　　这位老哥他作证，到时你悔我找他。

甲：大伯本是村里聪明人，远村近塞都闻名。
　　侗家有事请你去解决，苗家论理也喊你去评。
　　客家有事也找你，官府判案请你上衙门。
　　今天敬你一杯酒，大伯莫嫌请领情。

乙：小妹说话没根源，乱把大伯捧上天。
　　我人本来生得笨，没有解决纠纷那分贤。
　　讲到衙门我害怕，哪能敢进那里边。
　　上坡做活本是娃儿前面走，今天敬酒应该你先吃。

甲：这位大叔身健壮，精神饱满满脸发光。
　　上山干活如猛虎，在家喝酒一定像龙王。

乙：小妹你莫乱夸张，我已年老体衰脸发黄。
　　上山干活还勉强，讲到喝酒实难当。

（敬酒歌是侗族南部方言区请客吃饭、晚辈敬长辈唱的一种歌。吴生贤搜集整理）

第十四章 民间故事

一、湘黔桂交界抗日酒令歌的故事

这是湘黔桂三省的交界地。河对岸是湖南，河南岸是广西，河东岸是贵州，三个鸡鸣都听见的侗寨，亘古都联姻的三不管地方。在这阴沉沉的日子里，三个寨子里都传出来幽幽怨怨的酒令歌的声音。他们大多是成亲了的年轻人，他们相互诀别的酒令歌可歌可泣，荡气回肠。

男：众乡亲呀众乡亲，这杯酒来清又清，
　　端起酒杯听分明，不唱前朝和后代，且唱男儿抗日本。
女：日本鬼子杀人魔，侵略我国动刀兵，
　　烧杀奸淫如虎狼，百姓纷纷逃后方，何年何月得安详。
男：妻呀你慢些听，这杯酒来敬你饮，
　　丈夫开言泪滚滚，含泪嘱咐妻一声，
　　家中百事交与你，还有儿女和老人，
　　千辛万苦你承担，还望贤妻放宽心，
　　只因国家有危难，男儿抗日去远征。
男：抛下妻儿抗日去，拆散鸳鸯两离分，
　　千斤重担你挑定，承担家庭事纷纷，
　　我若三年不回还，任妻抽身嫁别人，
　　劝妻饮下这杯酒，难舍难分也要分。
女：接下夫君这杯酒，冷水浇头浑身凉，
　　我俩恩爱前世定，我夫怎讲这一层。
　　姻缘本是前世定，烈女不嫁二夫君，
　　只望夫君打胜仗，三年两载早回程。
女：这杯酒来清又清，妻端酒杯敬夫君，
　　夫君前线灭倭寇，枪林弹雨要小心，

倘若夫君不回转，终生守寡不嫁人，
劝夫放心上前线，妻我懂得做女人。

男：这杯酒来清又清，端起酒杯敬亲人，
救国救民责任大，妻在家中莫挂牵，
好好抚育儿和女，气来莫把儿女打。
妻呀，饮干这杯酒，夫上前线把敌杀。

男：这杯酒来深又深，丈夫对妻再叮咛，
堂上父母要孝敬，切记莫把彼此分。
人老话多你要忍，大小事情你操心，
弟兄妯娌要善待，和气家庭百事兴，
打跑倭寇回家转，慢慢来赔妻的情。

女：递上酒杯敬夫君，我夫永是我的人，
劝我夫君莫流泪，劝我夫君莫伤心。
消灭倭寇事最大，我夫打仗为国人，
此去枪林又弹雨，消灭敌寇转回程。
今天全村都来送，杯杯清酒表人心，浑身是胆杀敌人。

女：夫君啊你仔细听，村口军号已吹响，
送别新兵催出门，夫去争当八路军。
村人光荣表我心，催促夫君赶急走，
不要回头不要停，前方炮声隆隆响，勇敢向前杀敌人。

夫君放下酒杯，急步迈出家门。三个村有三十个年轻人告别父母妻儿去出征当八路军。此时，军号达达响，送别的鞭炮响连天。三个村男女老幼站在村口桥头挥泪告别，千叮咛万嘱咐。三十位苗侗青年胸前的大红花飘飘洒洒，跪下向全体乡亲父老和亲人作最后的诀别。

没有拥抱，没有亲吻，只有泪水滴落在弯弯的土路上。何日回到家乡向心爱的妻子和亲人敬上一杯酒呢？

没有故事，没有情节，也没有细节，只有幽怨的酒令歌长久地在人们耳畔回响……这是1944年10月18日发生在湘黔桂边境侗族村寨的故事。

（石新民搜集整理）

二、还酒

贵州天柱高酿界牌有个后生很能喝酒，一天，他没有酒喝了，跑到几十里以外的老丈人家借了一葫芦酒。

这后生为人忠厚老实，力气也蛮大，就是对种田算不得内行，还摸不透种田的经经脉脉，做活路都是毛手毛脚的，寨上的人都叫他"毛捞哥"。

这年秋收刚完，"毛捞哥"对妻子说："快把糯禾焙干，舂出一两斗上好的糯米，酿一锅好酒，把你补老（父亲）那一葫芦酒还了才放心。免得他老人家生气，骂我们是长把伞。"重阳酒掺水泡了十多天，揭开大木桶盖子，散发出一股喷香喷香的酒味来，老远老远都能闻到。毛捞哥用小碗舀了一半碗尝了一大口，觉得酒味已正，该是架锅烤的时候了，他又对妻子说："酒要烤好一点，少上一锅水。你是晓得你补老的脾气的。要是把酒烤得太淡了，你补老是要讲闲话的。"妻子当然遵照丈夫的吩咐办事，细心地烤出了一缸上好的糯米酒。

重阳节后的一天，毛捞哥用一根小扁担挑着大肥鸭和一大葫芦满满的糯米酒，以及糍粑等礼品，高高兴兴地往老丈人家拜节去了。

一进门，老丈人挂惦郎崽肚子饿了，忙叫老伴先端来一大碗甜酒，叫郎崽吃了，又很快煮了一锅油茶，叫郎崽又吃了两大碗。为了好好招待好久不来的郎崽，几大碗摆上了桌子，有煎两面黄的新鲜田鲤鱼，有掺板栗煮的肥鸭肉，有现炒的豇豆、茄子，还有一盘腌鱼。

老丈人叫郎崽把装酒的瓜葫芦拿在手上，边斟酒边对崽说："你这一葫芦酒我要不要，还得倒下酒杯看一看再说。"才倒下半杯，他不再倒了，把倒进酒杯的酒，又灌进葫芦里去。老丈人开口说："这一葫芦酒你背回去，明年烤出好的新米酒再来还。"他要老伴舀来一壶陈米酒，斟了两大杯，热情地劝郎崽喝起来。

毛捞哥不明白老丈人为何不要这一葫芦酒，就说："补大（老丈人），我家才烤一缸酒，有的是酒，为何要等明年再来还？"老丈人说："你今年种田的功夫还不到堂，米的油水还欠，烤的酒不像我家的一样，我不要。哪年你把田种好了，烤的酒像我家的一样了才行。"

毛捞哥不好多问，晚上躺在床上一夜没睡好觉，心里一直在盘算怎样才能把田种好。第二天吃过早饭，辞别了两位老人，就匆匆忙忙地赶回家。

第二年，毛捞哥从春到夏辛勤劳动，活路做得比往年认真多了。他做了三犁三耙，下了一层牛粪，又铺下一层木叶，才栽上秧，还细心地薅了三遍。俗话说："人不哄地皮，地不哄肚皮。"收割时，栽糯禾的那丘田，实在让人喜欢。

谷子一进仓，毛捞哥又催妻子舂米烤酒。他听别人说过，烤酒取头锅水的酒，单独用小坛子装起来，算是最好的酒。他就对妻子说："你用小坛子接上头锅酒，密封放好。这样的好米，烤出这样的好酒，你补老会收领的。"妻子照着办。

重阳节刚过两三天，毛捞哥挑着拜节的礼物和那一葫芦酒，十分得意地向老丈人家走去。路上心情舒展，他想，今年这一葫芦好酒，老丈人不会再叫我背回家了。

毛捞哥把酒带到老丈人家，老丈人还是说这一葫芦酒的浓度不够，仍旧不收领。他着急了，右手直抓后脑包。老丈人见他那副腼腆相，就笑着说："喝酒吧，急有什么用？你再动动脑筋，明年再展把劲就行了。"

在回家的路上，毛捞哥从丈母娘的嘴里探到了老丈人种田的秘密诀窍。丈母娘向他告了密，他欢喜地跳了起来，拍着胸脯说："我真毛捞呀，我早问你老人家，不是早就还脱一葫芦酒了吗？"他暗暗下了狠心，照着丈母娘透露的秘密学老丈人的经验耕作，展劲把田种好。

交冬前，毛捞哥挑粪下田，再犁耙过冬。栽秧前，又下了一层牛猪粪和一层木叶，犁耙三遍。谷种是向邻居换来的八月黄，育的是好秧苗。栽的片数也不多，横直行距都是八九寸宽。认真管水不用说了，前前后后薅了五天。说来也怪，人勤秧肯长，禾苗也像女大十八变，一天一个样，过路人看了，都说毛捞哥走了阳春运，他自己也欢喜地哼着山歌常到田边去转转。

庄稼不辜负有心人。栽糯禾的那丘田到黄熟时，只见沉甸甸黄澄澄的禾线，吊得蛮长蛮长的，颗粒壮得鼓眼睛。收割时，又比去年增产两成。

刚把谷子收进仓，毛捞哥又催妻子焙谷子、舂米、酿酒。他第三次去还那一葫芦酒，因为种田的功夫做到了家，酒的浓度自然与老丈人家的酒一样，倒下来就像倒茶油一样，拉成一条长线进到酒杯里，连响声也听不到，喝起来又醇又香。老丈人边喝酒边夸郎崽聪明能干。毛捞哥喝了几杯黄汤下肚，话也多了起来。岳婿俩你问我答，摆谈火热，老丈人给他传授了很多种田诀窍，毛捞哥都默默地牢记在心里。

从那以后，毛捞哥成了远近出名的内行种田汉了。

（王瑞钧搜集整理）

附　录

实用祝酒词大全

一、生日祝酒词

（一）恩师寿宴祝酒词

各位领导、各位老同学们：值此尊敬的老师×××华诞之时，我们欢聚一堂，庆贺恩师健康长寿，畅谈离情别绪，互勉事业腾飞，这一美好的时光，将永远留在我们的记忆里。现在，我提议，首先向老师敬上三杯酒。第一杯酒，祝贺老师华诞喜庆；第二杯酒，感谢老师恩深情重；第三杯酒，祝愿老师长命百岁！一位作家说："在所有的称呼中，有两个最闪光、最动情的称呼——一个是母亲，一个是老师。老师的生命是一团火，老师的生活是一曲歌，老师的事业是一首诗。"那么，我们的恩师的生命，更是一团燃烧的火；教师的生活，更是一曲雄壮的歌；老师的事业，更是一首优美的诗。老师在人生的旅程上，风风雨雨，历经沧桑×××载，他的生命，不仅限血气方刚时喷焰闪光，也在壮志暮年中流霞溢彩。老师的一生，视名利淡如水，看事业重如山。回想恩师当年惠泽播春雨，喜看桃李今朝九州竞争妍。

最后，衷心地祝愿恩师福如东海、寿比南山！干杯！

（二）领导生日宴祝酒词

各位朋友、各位来宾：你们好！今天是×××先生的生日庆典，受邀参加这一盛会并讲话，我深感荣幸。在此，请允许我代表×××，并以我个人名义，向×××先生致以最衷心的祝福！

×××先生是我们×××单位的重要领导核心之一。他对本公司的无私奉献我们已有目共睹，他那份"有了小家不忘大家"的真诚与热情，更是多次打动我们的心弦。他对事业的执着让同龄人为之感叹；他事业有成，更令同龄人为之骄傲。在此，我们祝愿他青春常在，永远年轻！更希望看到他在步入金秋之后，仍将傲霜斗雪、流光溢彩！人海茫茫，我们只是沧海一粟，由陌路而朋友，由相遇而相知，谁说这不是缘分？路漫漫，岁悠悠，世上不可能还有什么比这更珍贵。我真诚地希望我们能永远守住这份珍贵。在此，请大家举杯，让我们共同为×××先生的×××华诞而干杯！

（三）父母生日宴祝酒词

尊敬的各位领导、各位长辈、各位亲朋好友：大家好！在这喜庆的日子里，我们高兴地迎来了敬爱的父亲（母亲）×××岁的生日。今天，我们欢聚一堂，举行父亲（母亲）×××华诞庆典。这里，我代表我们兄弟姐妹和我们的子女们大小共×××人，对所有光临寒舍参加我们父亲（母亲）寿礼的各位领导、长辈和亲朋好友们，表示热烈的欢迎和衷心的感谢！我们的父亲（母亲）几十年含辛茹苦、勤俭持家，把我们一个个拉扯成人。常年的辛勤劳作，他们的脸上留下了岁月刻画的年轮，头上镶嵌了春秋打造的霜花。所以，在今天这个喜庆的日子里，我们要说的是，衷心感谢二老的养育之恩！我们相信，在我们弟兄姐妹的共同努力下，我们的家业一定会蒸蒸日上，兴盛繁荣！我们的父母一定会健康长寿，老有所养，老有所乐！最后，再次感谢各位领导、长辈、亲朋好友的光临！再次祝愿父亲（母亲）晚年幸福、身体健康、长寿无疆！干杯！

（四）爱人生日宴祝酒词

各们朋友：晚上好！感谢大家来到今晚我太太的生日会！大家提议让我讲几句，其实也没什么事讲的。你们从我一脸的灿烂足可以看出我内心的幸福。那请大家容许我对我亲爱的太太说上几句。老婆，你"抱怨"我不懂浪漫，其实看得出来你满心欢喜；你说只要我有这份心，你就很开心。我们曾是那样充满朝气，带着爱情和信任走入婚姻，我要感谢你，给了我现在拥有的一切——世上唯一的爱和我所依恋的温馨小家！很多人说，再热烈如火的爱情，经过几年之后也会慢慢消逝，但我们却像傻瓜一样执着地坚守彼此的爱情，我们当初钩小指许下的约定，现在都在一一实现和体验。今生注定我是你的唯一，你是我的至爱，因为我们是知心爱人，让我俩携手一起漫步人生路，一起慢慢变老！爱你此生永无悔！最后，祝愿各位爱情甜蜜、事业如意，干杯！

（五）朋友生日宴祝酒词

各位来宾、各位亲爱的朋友：晚上好！烛光辉映着我们的笑脸，歌声荡漾着我们的心田。跟着金色的阳光，伴着优美的旋律，我们迎来了×××先生的生日。在这里，我谨代表各位好友祝×××先生生日快乐、幸福永远！在这个世界上，人不可以没有父母，同样也不可以没有朋友。没有朋友的生活犹如一杯没有加糖的咖啡，苦涩难咽，还有一点淡淡的愁。因为寂寞，因为难耐，生命将变得没有乐趣，不复真正的风采。朋友是我们站在窗前欣赏冬日飘零的雪花时手中捧着的一盏热茶，朋友是我们走在夏日大雨滂沱中时手里撑着的一把雨伞，朋友是春日来临时吹开我们心中冬的郁闷的那一丝春风，朋友是收获季节里我们陶醉在秋日私语中的那杯美酒……来吧，朋友们！让我们端起芬芳醉人的美酒，为×××先生祝福！祝你事业正当午，身体壮如虎，金钱不胜数，干活不辛苦，悠闲像老鼠，浪漫似乐谱，快乐非你莫属，干杯！

（六）周岁宴祝酒词

各位领导、各位亲友：首先对大家光临我儿子的周岁宴会表示最热烈的欢迎和最诚挚的谢意！此时此刻、此情此景，我们一家三口站在这里，心情很激动。为人父母，方知辛劳。×××今天刚满一周岁，在过去的365天中，我和丈夫尝到了初为人母、初为人父的幸福感和自豪感，同时也真正体会到了养育儿女健康成长的无比辛劳。今天在座的有我的父母，还有公婆，对于我们三十年的养育之恩，我们无以回报。今天借这个机会向他们四位老人深情地说声："谢谢了！"并衷心地祝他们健康长寿！在过去的日子里，在座的各位朋友曾给予我们许许多多无私的帮助，让我感到无比的温暖。在此，请允许我代表我们一家三口向在座的各位亲朋好友表示十分的感激！现在和未来的时光里，我们仍奢望各位亲朋好友进行善意的批评教导。今天以我儿子一周岁生日的名义相邀各位至爱亲朋欢聚一堂，菜虽不丰，但是我们一片真情；酒纵清淡，但是我们一份热心。若有不周之处，还盼各位海涵。让我们共同举杯，祝各位工作顺利、万事如意！谢谢。

（七）十岁生日宴祝酒词

各位领导、各位来宾、亲爱的朋友们：大家晚上好！今天是我的女儿×××十岁生日的大好日子，非常高兴能有这么多的亲朋好友前来捧场，至此，我代表我们全家对各位的盛情表示最衷心的感谢！十岁是一个非常美好的年龄，是人生旅途中的第一个里程碑，在此，我祝愿我的女儿生日快乐，学习进步，健康、愉快地成长。我更希望她能成长为一个有知识、有能力、人人喜欢的人，愿爸爸、妈妈的条条皱纹、缕缕白发化作你如花的年华、锦绣的前程。同时，×××的成长也有劳于各位长辈的关心和厚爱，希望大家能一如既往地给她鼓励和支持，这些都会给她的人生带来更多的动力和活力。最后，备对联一副，以表对各位亲朋好友的感激。上联是：吃，吃尽人间美味不要浪费；下联是：喝，喝尽天下美酒不要喝醉。横批是：吃好喝好。

（八）十八岁生日宴祝酒词

尊敬的各位家长、各位学校领导、各位老师，亲爱的同学们：大家好！今天是高三全体同学十八岁的生日，首先，我代表全体教师为你们祝福，向你们表示衷心的祝贺！今天，你们将带着父母亲人的热切期盼，面对庄严的国旗许下铿锵誓言，光荣地成为共和国的成人公民，迈出成人第一步，踏上人生新征途。十八岁，这是多么美妙、多么令人羡慕的年龄！这是一个多么美丽而又神圣的字眼。它意味着从此以后，你们将承担更大的责任和使命，思考更深的道理，探求更多的知识。十八岁，是你们人生中一个新的里程碑，是人生的一个重大转折，也是人生旅途中一个新的起点。同学们，在未来的岁月里，我们希望看到那时的你们羽翼丰满，勇敢顽强！我们希望你们始终能够老老实实做人、勤勤恳恳做事，一步一个脚印，带着勇气、知识、信念、追求去搏击长空，创造自己的新生活！我们也祝福你们在今后的人生道路上，一路拼搏，一路精彩！为了风华正茂的十八岁，干杯！

（九）三十岁生日宴祝酒词

各位长辈、各位朋友们：万分感谢大家的光临，来庆祝我的三十岁生日。常言道：三十岁是美丽的分界线。三十岁前的美丽是青春，是容颜，是终会老去的美丽；而三十岁后的美丽，是内涵，是魅力，是永恒的美丽。如今，与二十岁的天真烂漫相比，已经不见了清纯可爱的笑容，与二十五岁的健康活泼相比，已经不见了咄咄逼人的好战好胜。但接连不断的得失过后，换来的是我坚定自信、处事不惊和一颗宽容忍耐的心。三十岁，这是人生的一个阶段，无论这个阶段里曾发生过什么，我依然怀着感恩的心情说"谢谢"！谢谢父母赐予我的生命，谢谢我生命中健康、阳光的三十岁，谢谢三十岁时我正拥有的一切！我是幸运的，也是幸福的。我从事着一份平凡而满足的工作，上天赐给我一个爱自己的老公和一个健康聪明的孩子。健康、关爱我的父母给了我一份内心的踏实，和我能真正交心的知己使我的内心又平添了一份温暖。我希望，在今后的人生路上，自己能走得更坚定。为了这份成熟，为了各位的幸福，干杯！

（十）四十岁生日宴祝酒词

各位亲朋好友、各位来宾：今天是我敬爱的妈妈的生日，首先，我代表我的母亲及全家对前来参加生日宴会的各位朋友表示热烈的欢迎和深深的感谢。第一杯酒，我想提议，大家共同举杯，为我们这个大家庭干杯，让我们共同祝愿我们之间的亲情、友情越来越浓，经久不衰，绵绵不绝，一代传一代，直到永远！尽管我已经参加工作，可母亲事事都在为我操心，时时都在为我着想。母亲对儿女的付出是最无私的，母爱是崇高的爱，这种爱只是给予，不求索取，母爱崇高有如大山，深沉有如大海，纯洁有如白云，无私有如田地，我从妈妈的身上深刻地体会到这种无私的爱。所以，这第二杯酒，我敬在座的最令人尊敬和钦佩的各位母亲。常言道：母行千里儿不愁，儿走一步母担忧。言语永远不足以表达母爱的伟大，希望你们能理解我们心中的爱。最后这杯酒要言归正传，回到今天的主题，再次衷心地祝愿妈妈生日快乐，愿你在未来的岁月中永远快乐、永远健康、永远幸福！

（十一）五十岁生日宴祝酒词

各位亲朋好友、各位尊贵的来宾：晚上好！今天是家父五十岁的寿辰，非常感谢大家的光临！树木的繁茂归功于土地的养育，儿子的成长归功于父母的辛劳。在父亲博大温暖的胸怀里，真正使我感受到了爱的奉献。在此，请让我深情地说声谢谢！父亲的爱是含蓄的，每一次严厉的责备，每一回无声的付出，都诠释出一个父亲对儿子的那种特殊的关爱。这是一种崇高的爱，只是给予，不求索取。五十岁是您生命的秋天，是枫叶一般的色彩。今天我们欢聚一堂，为您庆祝五十岁的寿辰，这只是代表您人生长征路上走完的重要一步，愿您在今后的事业树上结出更大的果实，愿您与母亲的感情越来越温馨！祝各位万事如意，阖家欢乐。最后，请大家欢饮美酒，与我们一起分享这个难忘的夜晚。

（十二）六十岁生日宴祝酒词

尊敬的各位朋友、来宾：你们好！值此父亲花甲之年、生日庆典之日，我代表我的父母、我们姐弟二人及我的家庭向前来光临寿宴的嘉宾表示热烈的欢迎和最深挚的谢意！我们在场的每一位都有自己可敬的父亲，然而，今天我可以骄傲地告诉大家，我们姐弟有一位可亲、可敬、可爱，世界上最最伟大的父亲！爸爸，您老人家含辛茹苦地扶养我们长大成人，多少次，我们把种种烦恼和痛苦都洒向您那饱经风霜、宽厚慈爱的胸怀。爸爸的苦，爸爸的累，爸爸的情，爸爸的爱，我们一辈子都难以报答。爸爸，让我代表我们姐弟，向您鞠躬了！在此，我祝愿爸爸您老人家福如东海水，寿比南山松。愿我们永远拥有一个快乐、幸福的家庭。最后，祝各位嘉宾万事如意，让我们共同度过一个难忘的今宵，谢谢大家！干杯！

（十三）七十岁生日宴祝酒词

1. 家人祝酒词

尊敬的外公、外婆，各位长辈，各位来宾：大家好！今天是我敬爱的外公七十大寿的好日子。在此，请允许我代表我的家人，向外公、外婆送上最真诚、最温馨的祝福！向在座大家的到来致以衷心的感谢和无限的敬意！外公、外婆几十年的人生历程，同甘共苦，相濡以沫，品足了生活酸甜，在他们共同的生活中，结下了累累硕果，积累了无数珍贵的人生智慧，那就是他们勤俭朴实的精神品格，真诚待人的处世之道，相敬、相爱、永相厮守的真挚情感！外公、外婆是普通的，但在我们晚辈的心中永远是神圣的、伟大的！我们的幸福来自于外公、外婆的支持和鼓励，我们的快乐来自于外公、外婆的呵护和疼爱，我们的团结和睦来自于外公、外婆的殷殷嘱咐和谆谆教诲！在此，我作为代表向外公、外婆表示：我们一定要牢记你们的教导，承继你们的精神，团结和睦，积极进取，在学业、事业上都取得丰收！同时，我一定会孝敬你们安享晚年。让我们共同举杯，祝二老福如东海，寿比南山，身体健康，永远快乐！

2. 寿星祝酒词

各位亲友、来宾：今天，亲友们百忙之中专程前来，欢聚一堂为我祝寿。我本人，并代表子女对诸位表示热烈的欢迎和衷心的感谢！子女、亲友为我筹办这次寿宴，使我感受到亲友的关怀和温暖，我的心里非常高兴，也体会了子女孝敬老人的深情，使我能够尽享天伦之乐！当年，我和父亲在农村，曾经度过一段困苦的日子。一晃，几十年过去了。我走过了多半生并不平坦的人生之路，历经磨难，自强不息。在亲友的鼓励帮助下，随着国家的安定、社会的进步，终于走出困境，直到荣归故里颐养天年。我觉得，懂得乐观、不屈、感恩，一个人就有幸福。生活中处处有快乐和幸福，它需要我们去不停地追求。最后，祝各位亲友万事如意，前程似锦！干杯！

（十四）八十岁寿辰宴祝酒词

尊敬的各位来宾、各位亲朋好友：春秋迭易，岁月轮回，我们欢聚在这里，为×××先生的母亲——我们尊敬的×××妈妈共祝八十大寿。在这里，我首先代表所有老同学、所有亲朋好友向×××妈妈送上最真诚、最温馨的祝福，祝×××妈妈福如东海，寿比南山，健康如意，福乐绵绵，笑口常开，益寿延年！风风雨雨八十年，×××妈妈阅尽人间沧桑，她一生积蓄的最大财富是她那勤劳、善良的人生品格，她那宽厚待人的处世之道，她那严爱有加的朴实家风。这一切，伴随她经历了坎坷的岁月，更伴随她迎来了晚年生活的幸福。而最让×××妈妈高兴的是，这笔宝贵的财富已经被她的爱子×××先生所继承。多年来，他叱咤商海，以过人的胆识和诚信的品质获得了巨大成功。让我们共同举杯，祝福老人家生活之树常绿，生命之水长流，寿诞快乐！祝福在座的所有来宾身体健康、工作顺利、万事如意！谢谢大家！

（十五）九十大寿祝酒词

尊敬的各位来宾、各位亲朋好友：大家好！值此举家欢庆之际，各位亲朋好友前来祝寿，使父亲的九十大寿倍增光彩。我们对各位的光临表示最热烈的欢迎和最衷心的感谢！人生七十古来稀，九十高寿正是福，与人为善心胸宽，知足常乐顺自然！我们的父亲心慈面软，与人为善。他扶贫济困、友好四邻；他尊老爱幼，重亲情、友情，使刘家的亲朋好友保持来往，代代相传！今天，在欢庆我们的父亲九十华诞之际，近在身边的子孙亲人，有的前来，有的写信，有的致电，或汇款，或送礼物，都发自内心地用不同的方式祝福他老人家：福如东海长流水，寿比南山不老松！今天，在欢庆我们的父亲九十高寿之时，我代表他老人家的儿子、儿媳、女儿、女婿及其孙辈后代，衷心地恭祝各位亲友：诸事大吉大利，生活美满如蜜！为庆贺我们的父亲九十华诞，为加深彼此的亲情、友情，让我们共同举杯，畅饮长寿酒，喜进长乐餐！

（十六）百岁生日宴祝酒词

各位老师、各位来宾：今天我们济济一堂，隆重庆祝×××先生百岁华诞。在此，我首先代表学校并以我个人的名义向×××先生表示热烈的祝贺，衷心祝愿×××先生身体健康！同时，也向今天到会的各位老师表示诚挚的谢意。感谢大家多年来为×××系的发展、特别是×××学科建设所做出的积极贡献！×××先生是×××学科的开拓者和学术带头人之一，也是我国×××研究领域的一位重要奠基人。×××先生德高望重，学识渊博，在长达六十年的教学和研究生涯中，他淡泊名利、不畏艰难、孜孜不倦，不仅为×××系，而且还为当代中国的×××学科建设以及人才培养做出了卓越的贡献。×××先生著书立说，为学术界贡献了许多足以嘉惠后学的优秀学术论著，而且教书育人，言传身教，培养了许多优秀的人才。几十年来，×××先生以自己的学识和行动，深刻影响和感染了他周围的同事和学生，为后辈学人树立了道德和学术的楷模。在×××先生百岁寿辰之际举行这样一个庆祝会，重温他的学术经历，是非常有意义的，必将激励大家以×××先生为榜样，进一步推进全校的师德建设和学科建设。最后，再次衷心祝愿×××先生身体健康！祝×××系更加蓬勃发展！请大家干杯！谢谢大家！

（十七）满月宴祝酒词

1. 父母祝酒词

各位来宾、亲朋好友：大家好！此时此刻，我的内心是无比激动和兴奋的，为表达我此时的情感，我要向各位行三鞠躬。一鞠躬，是感谢。感谢大家能亲身到×××酒家和我们分享这份喜悦和快乐。二鞠躬，还是感谢。因为在大家的关注下，我和妻子有了宝宝，升级做了父母，这是我们家一件具有里程碑意义的大事。虽然做父母只有一个月的时间，可我们对"养儿才知父母恩"有了更深的理解，也让我们怀有一颗感恩的心。除了要感谢生我们、养我们的父母，还要感谢我们的亲朋好友、单位的领导同事，正是有了各位的支持关心、帮助才让我们感到生活更甜蜜，工作更顺利，同时也衷心希望大家一如既往地支持我们、帮助我们、关注我们。三鞠躬，是送去我们对大家最衷心的良好祝愿。祝大家永远快乐、幸福、健康。今天，我们在×××酒家准备了简单的酒菜，希望大家吃好、喝好。如有招呼不周，请多多包涵！

2.来宾祝酒词

各位来宾、各位朋友：佳节方过，喜事又临。今天是我们×××先生的千金满月的大喜日子，在此，我代表来宾朋友们，向×××先生表示真挚的祝福。在过去的时光中，当我们感悟着生活带给我们的一切时，我们越来越清楚人生最重要的东西莫过于生命，×××先生在工作中，是一个谦谨、奋进、优秀的人，相信他创造的新的生命奉献给这美丽人生的一定是无比美妙的歌声。让我们祝愿这个新的生命、祝愿×××先生的千金，也祝愿各位朋友的下一代，在这个祥和的社会中茁壮成长，成为国家栋梁之才！也顺祝大家身体健康，快乐连连，全家幸福，万事圆满。

二、结婚祝酒词

（一）结婚周年庆典祝酒词

尊敬的各位女士们、先生们：大家好！二十年风风雨雨，一路爱意永铭。今天是××××年××月××日，是一个平凡而又普通日子。但是，对于我们夫妻来，却是一个意义非凡而又值得回忆的日子：结婚纪念日——结婚二十周年，又称为"水晶婚"！古人视水晶如冰或视冰如水晶，它晶莹剔透，被人们认为是"此物只应天上有，人间难得几回寻"。无色水晶，还是结婚十五周年纪念的宝石。综上所述，水晶，它是我们平凡人家平凡婚姻的象征——透明的、纯洁的、坚固的、美好的。我们牵手走过了二十个春秋，相互帮助、支持、谦让、友善、爱护，时间让爱情更加甜蜜，更加幸福，美满无比。最后，祝愿大家爱情甜蜜，生活幸福。干杯！

（二）证婚人祝酒词

各位来宾：今天，我受新郎、新娘的重托，担任×××先生与×××小姐结婚的证婚人，在这神圣而又庄严的婚礼仪式上，能为这对珠联璧合、佳偶天成的新人作证致婚辞而感到分外荣幸。新郎×××先生现在×××单位，从事×××工作，担任×××职务，今年××岁。他不仅英俊潇洒，而且心地善良、才华出众。新娘×××小姐现在×××单位，从事×××工作，担任×××职务，今年××岁。她不仅长得漂亮大方，而且温柔体贴、成熟懂事。古人常说：心有灵犀一点通。是情，是缘，还是爱，在冥冥之中早已注定，今生的缘分使他们走到一起，踏上婚姻的红地毯，从此美满地生活在一起。上天不仅让这对新人相亲相爱，而且还会让他们的孩子们永远幸福下去。此时此刻，新娘、新郎结为恩爱夫妻，无论贫富、疾病、环境恶劣、生死存亡，你们都要一生一心一意、忠贞不渝地爱护对方，在人生的旅程中永远心心相印、白头偕老、美满幸福。请大家欢饮美酒，祝新人钟爱一生，同心永结。谢谢大家！

（三）介绍人祝酒词

新郎、新娘、证婚人、主婚人、各位来宾：大家好！今天是×××先生和×××小姐缔结良缘的大喜日子，作为他们的介绍人，参加这场新婚典礼，我感到非常荣幸。同时，我也感到惭愧，因为我这个介绍人只做了一分钟的介绍工作，就是介绍他们认识，其余的通信、约会、花前月下的卿卿我我等，都是他们自己完成的。这也难怪，你们看新娘这么端庄秀丽，新郎这么英俊潇洒，又有才干，确实是女貌郎才，天作之合。让大家一起举杯，衷心祝福这一对新人情切切、意绵绵，百年偕老、永浴爱河。干杯！

（四）新郎父母祝酒词

两位亲家、尊敬的各位来宾：大家好！今天我的儿子与×××小姐在你们的见证和祝福中幸福地结为夫妻，我和太太无比激动。作为新郎的父亲，我首先代表新郎、新娘及我们全家向大家百忙之中赶来参加×××、×××的结婚典礼表示衷心的感谢和热烈的欢迎！感谢两位亲家……缘分使我的儿子与×××小姐相知、相悉、相爱，到今天成为夫妻。从今以后，希望他们能互敬、互爱、互谅、互助，用自己的聪明才智和勤劳的双手创造美好的未来。祝愿二位新人白头到老，恩爱一生，在事业上更上一个台阶，同时也希望大家在这里吃好，喝好！来！让我们共同举杯，祝大家身体健康、阖家幸福，干杯！

（五）新娘父母祝酒词

各位来宾、各位至亲好友：今天，是我们×××家的女儿与×××家之子举行结婚典礼的喜庆日子，我对各位嘉宾的光临表示热烈的欢迎和坦诚的感谢！今天，是一个不寻常的日子，因为在我们的祝福中，又组成一个新的家庭。在这喜庆的日子里，我希望两位青年人，凭仁爱、善良、纯正之心，用勤劳、勇敢、智慧之手去营造温馨的家园，修筑避风的港湾，创造灿若朝霞的幸福明天。在这喜庆的日子里，我万分感激从四面八方赶来参加婚礼的各位亲戚朋友，在十几年、几十年的岁月中，你们曾经关心、支持、帮助过我的工作和生活。你们是我最尊重和铭记的人，我也希望你们在以后的岁月里关照、爱护、提携两个孩子，我拜托大家，向大家鞠躬！我们更感谢主持人的幽默、口吐莲花的主持，使今天的结婚盛典更加隆重、热烈、温馨、祥和。让我再一次谢谢大家。干杯！

（六）新人长辈祝酒词

各位来宾、各位亲朋好友：今天是两位新人的大喜之日，作为新娘的阿姨，我代表在座的各位亲朋好友向新娘、新郎表示衷心的祝福，同时受新娘、新郎的委托向各位来宾表示热烈的欢迎。在人生最喜庆的时刻，我衷心祝福他们小夫妻能够互相信任、互相扶持。在这个令人羡慕的日子里，你们应该开心，所有的亲友都在为你们的新婚祝福，你们也将永远幸福、快乐地生活在一起。王子和公主结婚之后要面对很多的现实问题，生活不是童话，希望你们能够有个心理准备。同时，也希望你们能够在今后的生活中相互磨合、相互宽容、相互谅解，把生活过得像童话一样美好。最后，我提议，为了两位新人的富足生活，为了双方父母的身体安康，也为在座诸位嘉宾的有缘相聚，干杯！

（七）领导祝酒词

各位来宾、朋友们：你们好！×××先生是×××单位的业务骨干，×××女士温柔贤惠，今天是你们大喜的日子，我代表×××单位和×××单位全体员工衷心地祝福你们：新婚幸福、美满！愿你俩百年恩爱双心结，千里姻缘一线牵；海枯石烂同心永结，地阔天高比翼齐飞；相亲相爱幸福永，同德同心幸福长！为你们祝福，我们在座的各位为你们欢笑，因为在今天，我们的内心也跟你们一样的欢腾、快乐！祝你们百年好合、白头到老！

（八）新人祝酒词

各位领导，各们亲朋好友：人生能有几次最难忘、最幸福的时刻？今天我才真正从内心里感到无比激动，无比幸福，更无比难忘。今天我和×××小姐结婚，我们的长辈、亲戚、知心朋友和领导在百忙之中远道而来参加我们的婚礼庆典，给今天的婚礼带来了欢乐，带来了喜悦，带来了真诚的祝福。借此机会，让我们真诚地感谢父母把我们养育成人，感谢领导的关心，感谢朋友们的祝福。我还要深深感谢我的岳父岳母，您二老把你们手上唯一的一颗掌上明珠交付给我，谢谢你们的信任，我也绝对不会辜负你们的。我要说，我可能这辈子也无法让您的女儿成为世界上最富有的女人，但我会用我的生命使她成为世界上最幸福的女人。有专家说，现在世界上男性人口超过三十亿，而我竟然有幸得到了这三十亿分之一的机会成为×××小姐的丈夫，三十亿分之一的机会相当于一个人中500万元的彩票连中一个月，但我觉得今生能和×××在一起，是多少个500万元都无法比拟的！最后，祝各位万事如意、阖家幸福。请大家共同举杯，与我们一起分享这幸福快乐的时刻。谢谢！

（九）伴郎祝酒词

尊敬的各位来宾、朋友们：大家好！今天作为×××的伴郎，我感到十分荣幸。同窗十载，岁月的年轮记载着我们许多美好的回忆。曾经在上课时以笔为语、以纸为言，谈论着我们感兴趣的话题；曾经在宿舍内把酒问天，挥斥方遒；曾经"逃课"去吃早饭、溜出去玩，回来时在讲师严肃的目光下相视一笑，正襟危坐。可无论我们怎样的"不努力"，每次考试都名列前茅。有一次我和×××闲聊，他说如果谈恋爱一定会去追×××。如今，他成功了，终于如愿以偿地娶到了美丽而柔婉的×××，我和全班的所有同学为你感到自豪和由衷的高兴。"名花已然袖中藏，满城春光无颜色。"结婚是幸福、责任和一种更深的爱的开始，请你们将这份幸福和爱好好地延续下去，直到天涯海角、海枯石烂，直到白发苍苍、牙齿掉光！今晚璀璨的灯光将为你们作证，今晚羞涩地躲在云朵后的那位月老将为你们作证，今晚在座的两百位捧着一颗真诚祝福之心的亲朋好友们将为你们共同作证。最后，让我们共同举杯，祝愿这对佳人白头偕老，永结同心！谢谢！

（十）伴娘祝酒词

尊敬的各位来宾、朋友们：大家好！×××以其美丽与品德在同学和朋友中深受欢迎，今天她终于将自己今生信托之手交给了与她相知相爱的人。我与×××是大学同学，四年的相处让我们成为无话不谈的挚友。毕业后我们天各一方，但时间与空间的隔离并没有影响我们的友谊。当我知道自己将要作为×××的伴娘时，心中的喜悦不言而喻。今天，我来到这座城市，参加×××的婚礼，为的就是能向你们二位表达我的祝福。祝愿你们永结同心，执手白头，祝愿你们的爱情如莲子般坚贞，可逾千年万载不变；祝愿你们在未来的风月里甘苦与共，笑对人生；祝愿你们婚后能互爱互敬、互怜互谅，岁月愈久，感情愈深，祝愿你们的未来生活多姿多彩，儿女聪颖美丽，永远幸福！

三、其他祝酒词

（一）新校长就职祝酒词

尊敬的各位领导、各位老师：大家晚上好！对我来说，今天是一个特别隆重的日子。首先，我衷心地感谢县教委、镇党委、政府和教办对我的信任与培养，感谢各位老师对我的关爱和支持，尤其是前任校长，他的艰辛努力为学校的今后发展奠定了坚实的基础。在此，我向各位领导、老师们以及我们前任校长表示衷心的感谢！作为一名×××小学校长，我深知自己的政治素质、人文底蕴、学科知识、决策能力、服务精神都需要进一步提高，要胜任这一职责，必须付出艰巨的努力……此时此刻，我想用一位先哲的诗来形容我的心情与愿望，那就是"智山慧海传真火，愿随前薪作后薪"！最后，祝愿大家身体健康、阖家幸福！

（二）医院领导就职祝酒词

尊敬的各位领导、同志们：大家好！根据组织安排，我到咱们市立医院任职并主持工作，这对我来说是莫大的荣幸。同时，我也深知肩上担子的分量和责任的重大。作为全市医疗机构的龙头，多年来，在市委、市政府的正确领导下，在历届领导班子打下的坚实基础上，我们医院无论是整体外观形象还是内部建设，无论是基础设施改善还是医疗水平提高，无论是学科建设还是医德医风树立，各方面都有了长足进步。就我市来讲，其医疗和服务水平。毋庸置疑；其地位和作用，不可替代；其设施和技术，无可比拟。今后，让我们大家共勉，使医院的工作迈上新的台阶。最后，祝大家生活幸福、工作顺利，干杯！

（三）联谊会会长就职祝酒词

尊敬的各位领导、各位理事、会员们：大家晚上好！非常感谢大家对我的信任和支持，推选我担任×××县外来人才联谊会第一届理事会会长。对于这一殊荣，本人备感荣幸，同时也深感自己身上的责任重大。从各位殷殷的目光中，我看到的是大家的期望与重托。我必将在任职期间与理事会全体成员一起，按照联谊会的章程规定，尽心竭力开展工作，努力向全体会员交出一份满意的答卷。作为一名外来者，我到×××已经有18年，期间我亲历了×××经济社会所发生的巨大变化，这里所有的成就都让我备感自豪，也让我对×××的发展越来越有信心。与此同时，在这里所有的外来人才也找到了充分施展自己才华的舞台，可以说，这次我们联谊会的成立就是展示个人才华和能力的机会……作为会长，我必定以身作则，为联谊会的发展尽最大努力。事实胜于雄辩，请让我用实际行动来向大家证明吧！最后，祝愿我们的联谊会事业兴旺，祝愿大家身体健康、万事如意。干杯！

（四）升学饯行祝酒词

尊敬的各位来宾，女士们、先生们：在这金秋送爽、锦橙飘香的日子，我们欢聚一堂，恭贺×××、×××夫妇的公子×××金榜题名，高中×××大学。承蒙来宾们的深情厚谊，我首先代表×××先生、×××女士和×××同学对各位的到来表示最热诚的欢迎和最衷心的感谢！所谓人生四大喜事："久旱逢甘露，他乡遇故知，洞房花烛夜，金榜题名时。"我们恭喜×××成功地迈出了人生的重要一步。朋友们，十年寒窗苦，在高考考场过五关斩六将的×××同学此时此刻的心情是什么？春风得意马蹄疾，一日看尽长安花。我提议，第一杯酒，为英才饯行！同学即将远离亲人，远离家乡挑战人生，请接受我们共同的祝福：海阔凭鱼跃，天高任鸟飞！第二杯酒，祝愿×××全家一帆风顺、二龙腾飞、三阳开泰、四季平安、五福临门、六六大顺、七星高照、八方走运、九九同心！第三杯酒，祝各位来宾四季康宁，事事皆顺！朋友们，干杯！

（五）欢送出国人员学习祝酒词

亲爱的朋友们：大家晚上好！今天是一个令人欣喜而又值得纪念的日子，因为经过公司的决定，×××同志将要出国发展学习，这既让我们为×××能有这样的机会而感到高兴，也使我们对多年共事相处的同事即将离开而感到难舍难分。×××同志多年来作为公司的一名员工，他为人忠厚、思想作风正派，忠诚于企业、爱岗敬业、遵守公司各项规章制度，服从分配、尊重领导、与同事之间关系和睦融洽。俗话说，没有什么人是不可缺少的，这话通常是对的，但是对于我们来说，没有谁能够取代×××的位置。尽管我们将会非常想念他，但我们祝愿他在未来的日子里得到他应有的最大幸福。在这里，我代表公司的领导和全体人员对×××所做出的努力表示衷心感谢。同时，公司也希望全体人员学习×××同志这种敬业勤业精神，努力做好各自的工作。"莫愁前路无知己，天下谁人不识君。"在此，我们也希望×××继续关心我们的企业，并与同事之间多多联系。最后，让我们举杯，祝×××同志旅途顺利，早日学成归来，干杯！

(六)欢送老校长宴会祝酒词

同志们:今天,我们怀着依依惜别的心情在这里欢送×××校长去×××中学任校长、书记。×××同志在×××中学工作的十年期间,工作认认真真、勤勤恳恳,分管教育、教学工作成绩突出,实绩优异,为学校的发展做出了很大贡献,让我们代表三千多名师生以热烈的掌声向×××校长表示衷心的感谢!同时,我也衷心地希望×××校长今后继续支持、关心×××中学的发展,也希望×××中学与×××中学结为更加友好的兄弟学校,更希望您在百忙中抽空回家看看,因为这里有您青春的靓影,这里是您倾注过心血和汗水的第二故乡。下面,我提议,为了×××校长全家的健康幸福、为了我们之间的友谊天长地久,干杯!

(七)毕业宴会祝酒词

尊敬的各位领导、亲爱的朋友们:大家好!今天的宴会大厅因为你们的光临而蓬荜生辉,在此,我首先代表全家人发自肺腑地说一句:感谢大家多年以来对我的女儿的关心和帮助,欢迎大家的光临,谢谢你们! 这是一个秋高气爽、阳光灿烂的季节,这是一个捷报频传、收获喜讯的时刻。正是通过冬的储备、春的播种、夏的耕耘、秋的收获,才换来今天大家与我们全家人的同喜同乐。感谢老师!感谢亲朋好友!感谢所有的兄弟姐妹!愿友谊地久天长!

女儿,妈妈也请你记住:青春像一只银铃,系在心坎,只有不停奔跑,它才会发出悦耳的声响。立足于青春这块处女地,在大学的殿堂里,以科学知识为良种,用勤奋做犁锄,施上意志凝结成的肥料,再创一个比现在这季节更令人赞美的金黄与芳香。今天的酒宴,只是一点微不足道的谢意的体现。现在我邀请大家共同举杯,为今天的欢聚,为我的女儿考上理想的大学,为我们的友谊,还为我们和我们家人的健康和快乐干杯!

(八)优秀员工颁奖祝酒词

尊敬的各位领导:非常感谢在座的各位领导能够给予我这份殊荣,我感到很荣幸。这种认可与接纳,让我很感动,我觉得自己融入这个大家庭里来了,自己的付出与表现已经得到了最大的认可,我会更加努力!在此,感谢领导指引我正确的方向,感谢同事耐心的教授与指点。虽然被评为优秀员工,我深知,我还有太多做得不够的地方,尤其是刚刚接触×××这个行业,有很多的东西,还需要我去学习。我会在延续自己踏实肯干的优点的同时，加快脚步，虚心向老员工们学习各种工作技巧，做好每一项工作。这项荣誉会鞭策我不断进步，使我做得更好。事业成败关键在人，在这个竞争激烈的时代，你不奋斗、拼搏，就会被大浪冲倒，我深信：一分耕耘，一分收获，只要你付出了，必定会有回报。从点点滴滴的工作中，我会细心积累经验，使工作技能不断地提高，为以后的工作奠定坚实的基础。让我们携手来为×××的未来共同努力，使之成为最大、最强的×××。我们一起努力奋斗！最后，祝大家工作顺心如意，步步高升！我敬大家！

（九）同学聚会祝酒词

各位同学：时光飞驰，岁月如梭。毕业18年，在此相聚，圆了我们每一个人的同学梦。感谢发起这次聚会的同学！回溯过去，同窗四载，情同手足，一幕一幕，就像昨天一样清晰。今天，让我们打开珍藏18年的记忆，敞开密封18年的心扉，尽情地说吧、聊吧，诉说18年的离情，畅谈当年的友情，也不妨坦白那曾经躁动在花季少男少女心中朦朦胧胧的爱情，让我们尽情地唱吧、跳吧，让时间倒流18年，让我们再回到中学时代，让我们每一个人都年轻18岁。窗外满天飞雪，屋里却暖意融融。愿我们的同学之情永远像今天大厅里的气氛一样，炽热、真诚；愿我们的同学之情永远像今天窗外的白雪一样，洁白、晶莹。现在，让我们共同举杯：为了中学时代的情谊，为了18年的思念，为了今天的相聚，干杯！

（十）师生聚会祝酒词

亲爱的老师们、同学们：10年前，我们怀着一样的梦想和憧憬，怀着一样的热血和热情，从祖国各地相识相聚在×××。在那四年里，我们生活在一个温暖的大家庭里，度过了人生中最纯洁、最浪漫的时光。为了我们的健康成长，我们的班主任和任课老师为我们操碎了心。今天我们特意把他们从百忙之中请回来，参加这次聚会。对他们的到来表示我们热烈的欢迎和衷心的感谢。时光荏苒，日月如梭，从毕业那天起，转眼间十个春秋过去了。当年十七八岁的青少年，而今步入了为人父、为人母的中年行列。同学们在各自的岗位上无私奉献、辛勤耕耘，都已成为社会各个领域的中坚力量。但无论人生浮沉与贫富贵贱，同学间的友情始终是淳朴真挚的，而且就像我们桌上的美酒一样，越久就越香越浓。来吧，同学们！让我们和老师一起，重拾当年的美好回忆，重温那段快乐时光，畅叙无尽的师生之情、学友之谊吧！为10年前的"有缘千里来相会"、为永生难忘的"师生深情"、为人生"角色的增加"、为同学间"淳朴真挚"的友谊、为同学会的胜利召开，干杯！

(十一)家庭聚会祝酒词

敬爱的长辈们:晚上好!新春共饮团圆酒,家家幸福迎新年。在今天这个辞旧迎新的日子里,我谨代表晚辈们,对在座的各位长辈说出我们的感谢和祝福……在生命的旅途中,感谢你们的扶持和安慰,让我们在疲惫时停留在爱的港湾,淋浴着温暖的目光,在困难时听到不懈的激励,在满足前理解淡然的和谐之美。谢谢,感谢有你们陪伴的每个日夜!新年新祝福,祝愿长辈们在新的一年里身体健康、心情愉快、生活幸福!干杯!

(十二)战友聚会祝酒词

老战友们:晚上好!在这个欢聚时刻,我的心情非常激动,面对一张张熟悉而亲切的面孔,心潮澎湃,感慨万千。回望军旅,朝夕相处的美好时光怎能忘,苦乐与共的峥嵘岁月,凝结了你我情深意厚的战友之情。二十个悠悠岁月,弹指一挥间。真挚的友情紧紧相连,许多年以后,我们战友重遇,依然能表现出难得的天真爽快,依然可以率直地应答对方,那种情景让人激动不已。如今,由于我们各自忙于工作,劳于家事,相互间联系少了,但绿色军营结成的友情,没有随风而去,已沉淀为酒,每每启封,总是回味无穷。今天,我们从天南海北相聚在这里,畅叙友情,这种快乐将铭记一生。最后,我提议,让我们举杯,为我们的相聚快乐,为我们的家庭幸福,为我们的友谊长存,干杯!

(十三)教师节座谈会祝酒词

尊敬的各位领导:大家好!在这硕果累累的金秋时节,我们怀着激动与喜悦迎来了第表示×××个教师节,更怀着感动与幸福来参加省教师节座谈会。作为表示×××的一名小学教育工作者,我感到无上的光荣和强烈的使命感。在执教的表示××年来,我从乡镇到城区,从一名中师毕业生成长为全国模范教师,真真切切地体验着党和政府对教师的关怀与培养,淋浴着党的阳光雨露。我们欢欣鼓舞、自强自励,积极探索实施素质教育的有效策略,特别是在留守儿童教育方面做了有益的尝试,有力地促进了少年儿童的健康成长。因为爱和责任,使得我们对留守儿童倾注了浓厚的情感;因为情和执着,铸就了我们对教育事业的无限忠诚。关爱学生、无私奉献,爱岗敬业、勇于创新,这是党和人民对我们的重托,也是我们教育事业永恒的主题。我们将永远沿着这个主题高歌猛进!最后,让我们共同举杯,祝愿教育事业迈向新台阶,祝愿大家身体健康,干杯!

（十四）新年晚会祝酒词

各位女士、各位先生、各位朋友：大家晚上好！喜悦伴着汗水，成功伴着艰辛，遗憾激励奋斗，我们不知不觉地走进了2017年。今晚我们欢聚在×××公司成立后的第××个年头里，我和大家的心情一样激动。在新年来临之际，首先我谨代表×××公司向长期关心和支持公司事业发展的各级领导和社会各界朋友致以节日的问候和诚挚的祝愿！向我们的家人和朋友拜年！我们的点滴成绩都是在家人和朋友的帮助关怀下取得的，祝他们在新的一年里身体健康心想事成！向辛苦了一年的全体员工将士们拜年！感谢大家在2016年的汗水与付出。许多生产一线的员工心系大局，放弃节假日，夜以继日地奋战在工作岗位上，用辛勤的汗水浇铸了×××不倒的丰碑。借此机会，我向公司各条战线的员工表示亲切的慰问和由衷的感谢。展望2016年，公司已经站到了一个更高的平台上，新的一年，公司将持续遵循"市场营销立体推进，技术创新突飞猛进，企业管理科学严谨，体制改革循序渐进"的方针，并在去年的基础上继续深化，目的只有一个：全面提升公司的核心竞争能力。我相信2017年是风调雨顺、五谷丰登的一年，×××公司一定会更强盛，员工的收入水平一定会上一个台阶！雄关漫道真如铁，而今迈步从头越。让我们以自强不息的精神、团结拼搏的斗志去创造新的辉煌业绩！新的一年，我们信心百倍，激情满怀，让我们携起手来，去创造更加美好的未来！干杯！

（十五）父亲节祝酒词

尊敬的爸爸妈妈、各位兄弟姐妹、各位来宾：大家好！今天是个值得纪念的日子，是一年一度的父亲节！我们在这里聚会，为我们的父亲、母亲祝福，祝爸爸妈妈幸福安康，福寿无边！母爱深似海，父爱重如山。据说，选定6月过父亲节，是因为6月的阳光是一年之中最炽热的，象征了父亲给予子女的火热的爱。父爱如山，高大而巍峨；父爱如天，粗犷而深远；父爱是深邃的、伟大的、纯洁而不求回报的。父亲像是一棵树，总是不言不语，却让他枝叶繁茂的坚实臂膀为树下的我们遮风挡雨、制造荫凉。不知不觉间我们已长大，而树却渐渐老去，甚至新发的树叶都不再充满生机。每年6月的第三个星期日是父亲的节日，让我们由衷地说一声：爸爸，我爱你！每一个父亲节，我都想祝您永远保留着年轻时的激情、年轻时的斗志！那么，即使您白发日渐满额，步履日渐蹒跚，我也会拥有一个永远年轻的父亲！让我们共同举杯，为父亲、母亲健康长寿，干杯！

（十六）乔迁祝酒词

1. 乔迁家宴祝酒词

女士们、先生们：晚上好！首先，我要代表我的家人，对各位的光临表示由衷的谢意！谢谢你们。俗话说，人逢喜事精神爽。本人目前就沉浸在这乔迁之喜中。以前，由于心居寒舍，身处陋室，实在是不敢言酒，更不敢邀朋友畅饮，怕朋友们误解主人待客不诚；因那陋室太简陋了，真怕委屈了嘉宾。今天不同了，因为今天我已经有了一个能真正称得上是"家"的家了。这个家虽然谈不上富丽堂皇，但它不失恬静、明亮，且不失舒适与温馨。更重要的是，这个家洋溢着爱！有了这样一个恬静、明亮、舒适、温馨的家，能不高兴吗？心情能不舒畅吗？所以，特意备下这席美酒，就是要把我乔迁的喜气分享给大家，更要借这席美酒为同事、朋友对我乔迁的祝贺表示最真诚的谢意，还要借这席美宴，祝各位生活美满、工作顺利、前程似锦！各位请举杯。

2. 庆贺乔迁新居主持辞

各位来宾、女士们、先生们：大家好！今天我们在这里欢聚一堂，共同祝贺×××、×××夫妇乔迁新居之庆。承蒙各位来宾的深情厚谊，我首先代表×××先生与×××女士对各位的到来，表示最热烈的欢迎和衷心的感谢！×××、×××夫妇一生兢兢业业、勤俭持家、事业有成、家庭美满、幸福。所以，我在这里也要代表×××大酒店和各位来宾，向×××、×××夫妇乔迁新居表示衷心祝贺！为感谢各位来宾的深情厚谊，×××府在这里略设便宴，望各位来宾海涵赐谅。各位来宾，让我们举起手中酒杯，共同祝福×××、×××一家财源广进、合家欢乐！祝各位来宾财运亨通、四季康宁！现在，我宣布：鸣炮，开席。

（十七）学校建设周年庆典祝酒词

亲爱的老师、同学们：大家好！今天×××中学迎来了三十周年华诞。值此喜庆时刻，我谨代表×××中学向多年来为了×××中学的发展勤勤恳恳工作的全体教职员工们，为了×××中学的荣誉而刻苦攻读的全体学子们，表示崇高的敬意和衷心的感谢！斗转星移，岁月沧桑。风风雨雨，×××中学走过了三十年的光辉岁月。历经三十年的拓荒播种，这里已成为一片沃土，一株株幼苗茁壮成长，桃李成荫，春华秋实。回首往昔，我们骄傲；展望未来，我们向往；恩随荫庇，我们感激；承前启后，我们深感任重道远。成就是昨天的句号，开拓是永恒的主题。在新的岁月里，在新的征程中，我们将紧紧把握时代的主旋律，狠抓"三风"建设，积极推进"名师"工程，并继续深化新课程改革，大力推进素质教育，向着"积淀文化底蕴、注重精细管理、打造×××品牌、创办特色学校、培育一流人才"的目标迈进，争取更大成绩，报答所有关心×××中学的父老乡亲们。我坚信：×××中学的明天会更灿烂！为了明天，干杯！谢谢大家！

主要参考书目

安成祥主编：《历史遗珍》，贵州民族出版社2012年8月第1版。

段雪莲、宋璐璐主编：《药酒大全》，新疆人民卫生出版社2013年10月第1版。

傅安辉编：《侗族口传经典》，民族出版社2012年5月第1版。

傅安辉著：《侗族民间文学研究》，中国文联出版社2016年4月第1版。

贵州省民族古籍整理办公室编：《贵州少数民族古籍总目提要——侗族卷》，贵州民族出版社2012年12月第1版。

李争平编著：《中国酒文化》，时事出版社2013年4月第6版。

陆景川主编：《九寨风情》，中国文史出版社2015年9月第3版。

陆科闵著：《侗族医学》，贵州科技出版社1992年6月第1版。

宋尧平编著：《北侗婚恋习俗》，中国文联出版社2016年4月第1版。

天柱县民族事务委员会编：《天柱县歌谣卷》，天柱县民族事务委员会，1995年7月第1版。

天柱县民族事务委员会、天柱县文化馆编：《天柱民族民间文学资料集》，天柱县民族事务委员会，1984年1月第1版。

吴谋高主编：《黔东南州特产志》，云南科技出版社2016年5月第1版。

肖阳著：《我们爱说话——祝酒词、应酬话、场面话》，群言出版社2015年8月第1版。

杨德淮、林盛青主编：《黔东侗族民风民俗》，作家出版社2009年6月第1版。

杨国仁主编：《民间文学资料——从江侗族民歌专集》（第一集），天柱县民族事务委员会，1985年9月第1版。

杨明兰编著：《古越遗风探微》，内蒙古人民出版社2010年11月第1版。

杨明兰、宋尧平编著：《黔东南侗族节日文化大观》，中国文联出版社2016年4月第1版。

杨权编著：《侗族民间文学史》，中央民族学院出版社1992年6月第1版。

杨圣敏主编：《中国民族志》，中央民族大学出版社2011年7月第4版。

杨应海选编：《剑河县民间文学资料——酒歌》（上集），剑河县民间文学资料，1989年10月第1版。

张民主编：《侗族简史》，贵州民族出版社1985年10月第1版。

郑宏峰主编：《中华酒典》，线装书局2008年11月第1版。

钟敬文主编：《民俗学概论》，上海文艺出版社2009年9月第1版。

周昌武、吴展明搜集整理：《侗乡好事酒歌》，民族出版社1994年8月第1版。

[美]戴维·莱文森编著：《世界各国的族群》，葛公尚、于红译，中央民族大学出版社2009年1月第1版。

后 记

我出生在一个侗寨里，从小受到侗族酒文化的熏陶。近十年来，我在贵州黔东南州从事新闻采编工作，经常深入到侗族南北两个方言区采访，并参与了很多文化活动，因而对酒文化有了较多的了解。本书就是根据我深入实地的采访并积累的口头资料、文献资料及影像资料集纳而成。

本书在撰写过程中引用了钟敬文、杨权、杨圣敏、任志宏、李争平、郑宏峰、肖阳著、段雪莲、宋璐璐、周昌武、吴展明、傅安辉、秦秀强、龚伟、袁睿、潘年英、陆景川、杨明兰、罗仕勋、梁恩仁、吴志培、葛公尚、于红、杨国仁、杨应海、杨德淮、林盛青、吴谋高、吴佺新、安成祥、杨国贯、姜先奕、龙昭杨、陆书明、陆科闵、杨美十、李长华、皱伯科、石新民、王瑞钧、杨汉灯、吴生贤、杨贤台、欧阳家泉、杨之音、杨通显、龙范亨、杨秀生、潘作秀、吴国熙、蒋家林、吴国雄、谭元勇、刘俊明、黄万鑫、杨成利、杨代富、陆书明、赖川林、龙胜洲、单洪根等作者、编者、摄影工作者的相关资料，在此谨向对我的研究做出铺垫及进行开拓的各位同仁表示衷心地感谢！

本书在编写过程中，得到黔东南州侗学会领导的支持和鼓励，并把该书列入"黔东南侗族文化大典丛书"。这对我是鼓舞更是鞭策！著名侗族文化学者、我的恩师傅安辉教授在百忙中审阅了书稿，并为之作序，说了很多鼓励的话。著名侗族文化学者杨明兰老先生，对书的提纲及书中的观点提出过不少的中肯意见，在此一并深深地致谢！

说实话，起初，我只是打算写一篇关于侗族饮酒习俗的文章，谁知兴致一来，觉得有许多话要讲，于是就撰写成了一本书。之后，我把书稿的部分章节刊发在我主编的《黔东南日报》文化视野版面上，得到了读者的好评，多家重要网站也转载了这些稿件，这是我始料不及的。

由于我的水平有限，本书所记录的只能让大家见到侗族酒文化的冰山一角。这本小册子就当是抛砖引玉吧！我期待将来有一天，还有更加全面而厚重的记录和研究著作呈现给大家。

宋尧平

2017年5月18日于凯里

图书在版编目（CIP）数据

侗族酒文化 / 宋尧平著 . —北京：中国书籍出版社，2017.8

ISBN 978-7-5068-6340-7

Ⅰ.①侗… Ⅱ.①宋… Ⅲ.①侗族—酒文化—研究—中国 Ⅳ.① TS971.22

中国版本图书馆 CIP 数据核字（2017）第 187826 号

侗族酒文化

宋尧平　著

策划编辑	李立云
责任编辑	向霖晖
责任印制	孙马飞　马　芝
装帧设计	黔策策划　龙　华
出版发行	中国书籍出版社
地　　址	北京市丰台区三路居路 97 号（邮编：100073）
电　　话	（010）52257143（总编室）（010）52257140（发行部）
电子邮箱	yywhbjb@126.com
经　　销	全国新华书店
印　　刷	北京振兴源印务有限公司
开　　本	710 毫米 ×1000 毫米　1/16
字　　数	270 千字
印　　张	14.25
版　　次	2018 年 1 月第 1 版　2018 年 1 月第 1 次印刷
书　　号	ISBN 978-7-5068-6340-7
定　　价	48.00 元

版权所有　盗印必究